小熊熊的每一天

熊媽TIN——著

前言

2018年小熊熊還在我的肚子裡的時候，我開始在IG發表懷孕和育兒的圖文，不過發文頻率很低，所以粉絲僅有2、300人，就這樣維持了2年（真的完全都沒有增加喔！（笑）

直到小熊熊2歲半左右，我才決定要認真的把小熊熊的生活記錄下來，就算是微不足道的小事情，我都想把他畫下來！大概從那時候開始，突然湧現許多喜歡小熊熊的粉絲。

看粉絲們的留言是我每天的一大樂趣！能夠用圖畫跟這麼多的人分享小熊熊的生活，甚至還出版了這本書，真的多虧了大家！

這個世界有時候總會有點讓人喘不過氣來，希望這本書能夠帶給大家一些療癒和歡笑！

★人物介紹★

小熊熊

2018年誕生的小獅子。
喜歡車子，特別是超跑！
喜歡唱歌和跳舞。
不喜歡吃飯、睡覺和吵鬧的地方。
話很多！
看到別人笑自己也會跟著大笑。

熊媽

27歲成為熊媽。
日文系畢業。
喜歡搖滾樂、觀察生物和追劇。
話很少！
崇拜的偶像是荒川弘（牛媽）！

熊爸

球鞋和籃球的狂熱份子！
球鞋小達人。
熱愛運動。
喜歡紅色和粉紅色。
自稱「寵妻魔人」～

CONTENTS

小熊熊的誕生

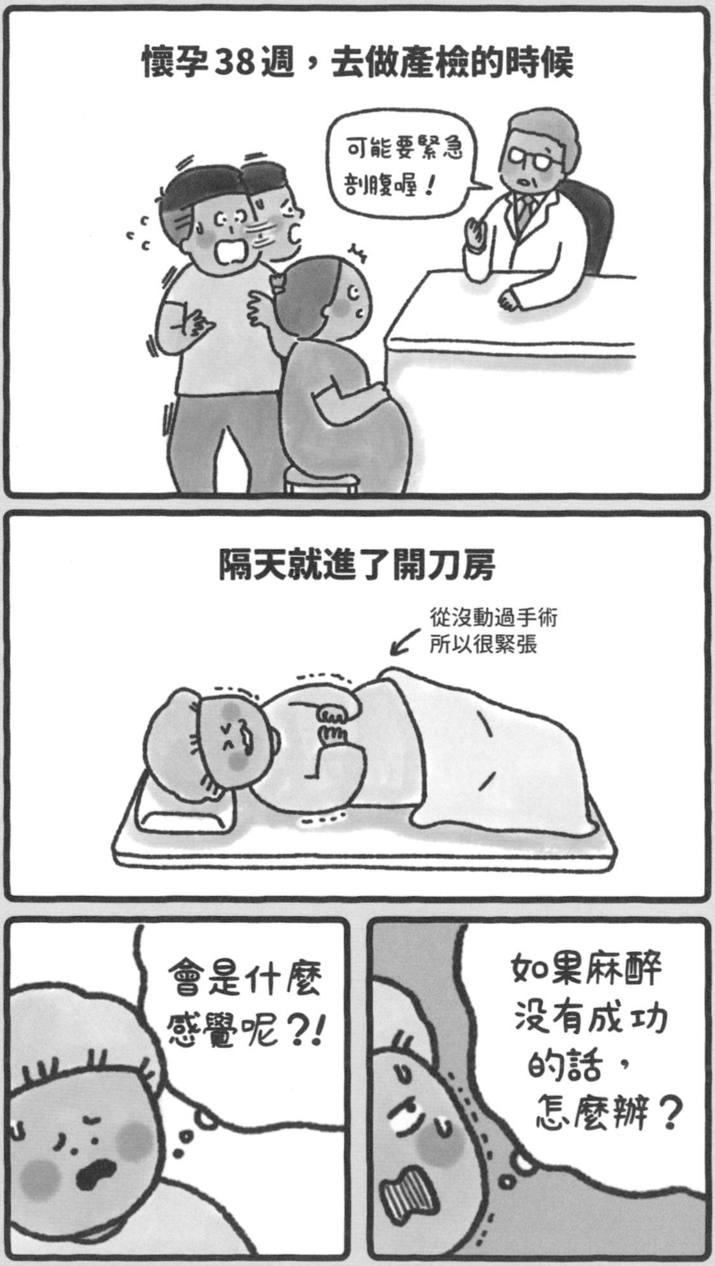
懷孕38週，去做產檢的時候
可能要緊急剖腹喔！
隔天就進了開刀房
從沒動過手術
所以很緊張
會是什麼感覺呢?!
如果麻醉沒有成功的話，怎麼辦？

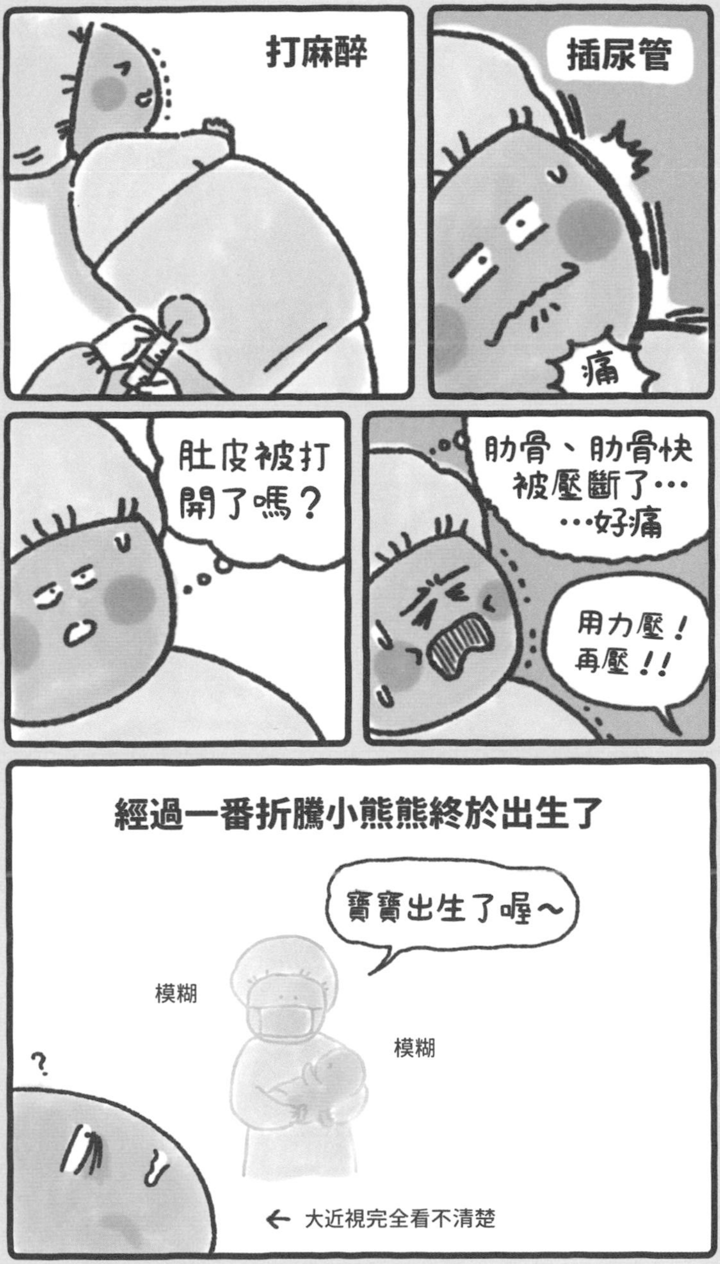
打麻醉
插尿管
痛
肚皮被打開了嗎？
肋骨、肋骨快被壓斷了⋯⋯好痛
用力壓！再壓！！
經過一番折騰小熊熊終於出生了
寶寶出生了喔～
模糊
模糊
?
← 大近視完全看不清楚

手術室外
請家屬確認
手腳是否正常！

確認完後
你們先去吃！
我想在這裡等
那我們先去吃飯囉～
家屬

熊爸小劇場
為什麼比較晚進去的都已經出來了?!
該不會有什麼緊急狀況?
請問我老婆為什麼還沒出來?
還在休息
據熊爸說那是他這輩子最害怕的一天

被推出來之後
不知道為什麼
眼淚流個不停
老婆辛苦了～
寶寶很
健康喔！

小熊熊誕生！！！

0M

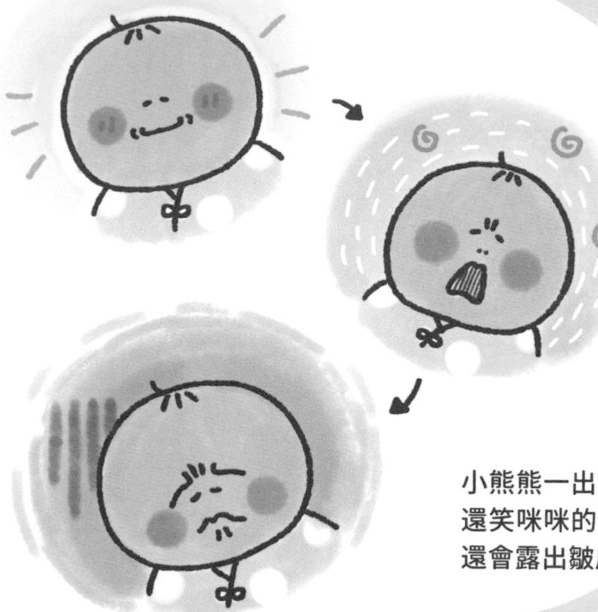

小熊熊一出生表情就好豐富～原本還笑咪咪的，下一秒臉就垮下來，還會露出皺眉很老成的臉。

3M

當媽媽必備技能：邊餵母奶邊大口嗑飯……日復一日同樣的事情，我都搞不清楚現在過到幾月幾號了。

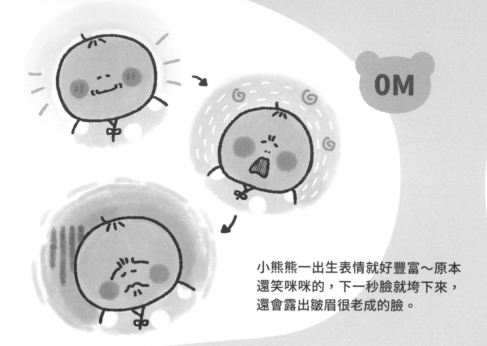

4M

聽說嬰兒的手指上沾了「蜜糖」，難怪小熊熊總是吃得那麼津津有味～還會發出「滋！」「滋！」的聲音XD

4M

讓小熊熊含到一口餅乾，眼睛馬上綻放光芒！原來世界上除了ㄋㄟㄋㄟ以外，還有那麼美味的東西？!

註：寶寶滿四個月的時候，會進行「收涎」儀式，意義在於幫寶寶收起口水，希望孩子快快長大。

5M

怎麼突然變得這麼安靜？原來是發現鏡子裡有電視可以看，看到有點忘我了。

5M

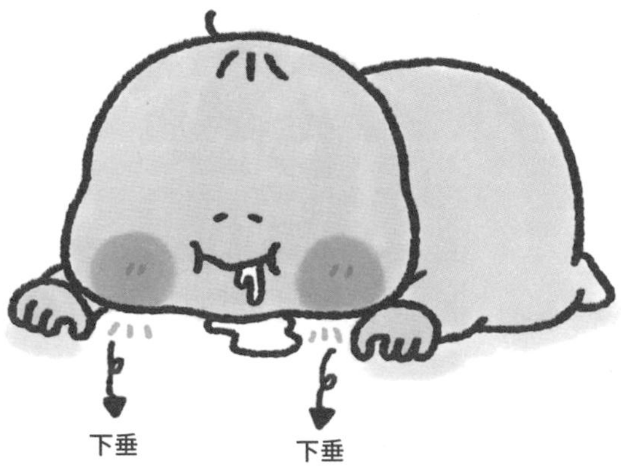

小寶寶的臉頰都肉肉、圓鼓鼓的，引誘人捏他一把耶～

圓鼓鼓的臉頰

5M

每次看小熊熊練習爬爬，最後都會雙手雙腳一起離地，看起來好像要飛起來了一樣XD

5M

媽媽親餵母奶真的好辛苦～各種劇烈疼痛到現在依然牢牢記得……嗚嗚。

5M

邊餵奶邊滑手機就發生悲劇了……不過小熊熊被砸到沒哭鬧還若無其事的看著我，減輕了我不少罪惡感（誤）

5M

東西不見的時候，有時會出現在意想不到的地方，比方說寶寶的衣服裡（?）

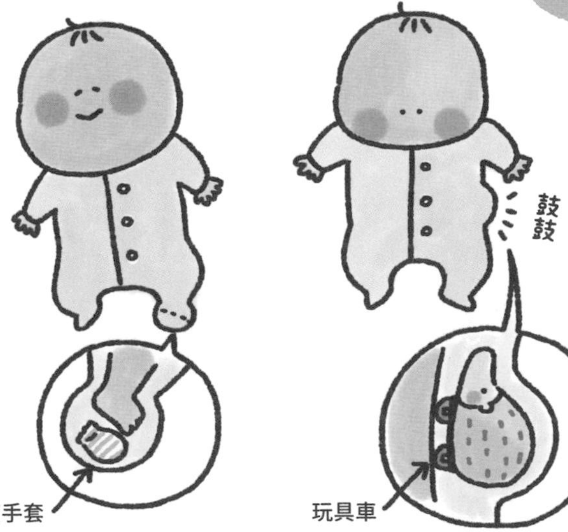

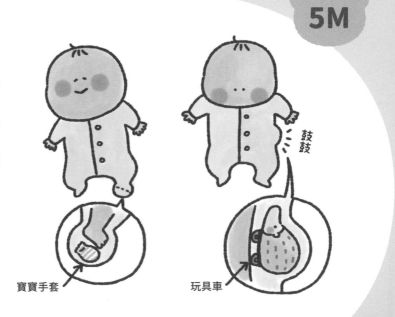

喝ㄋㄟㄋㄟ喝到一半……

妳看到我了!!!

妳看不到我了！
躲

突然玩起躲貓貓

6M

一邊喝ㄋㄟㄋㄟ也可以自嗨玩躲貓貓！這個遊戲他可以一玩再玩一玩再玩，都不會膩！

6M

沒什麼頭髮，
看起來很像
「傑〇龜」

沒有頭髮又抿著嘴巴的小熊熊，看起來根本就是傑〇龜啊！！！

7M

只要被抱著就會把腳伸直想站起來，而且完全折不下去……是想跳過「爬」直接學「站」嗎？

7M

小寶寶的筋骨都好軟呀～輕輕鬆鬆就可以「大吃特吃」自己的腳腳呢！

小熊熊還在我肚子裡的時候，就一直聽到牛牛搖鈴棒的聲音（因為懷孕的時候我常拿它輕敲肚子跟小熊熊玩XD）所以小熊熊出生後也好愛它，每次都拿它來當電話玩～

「芒芒麻拇」～小熊熊很努力的學講話，
舌頭會左右甩來甩去耶～好忙好可愛！

嗑嬰兒車的寶寶

7M

吃貨小熊熊就是～什麼時候都很餓、什麼都愛吃！吃手手吃腳腳以外，也很愛吃嬰兒車兩邊的桿子。

8M

只要拿著扇子對小熊熊搧風，手腳就會開心得跟著揮舞，還會發出「呼～呼～呼～」很興奮的聲音！但扇子一停下來馬上變臉 （汗）

9M

比起自己的玩具，大人的東西好像更好玩～所以買玩具的錢都省下來了～YA！

9M

沙琪瑪看起來好好吃喔～情不自禁的咬了幾口，明明咬著的是外包裝，卻還是一臉滿足的「吃」得很開心XD

9M

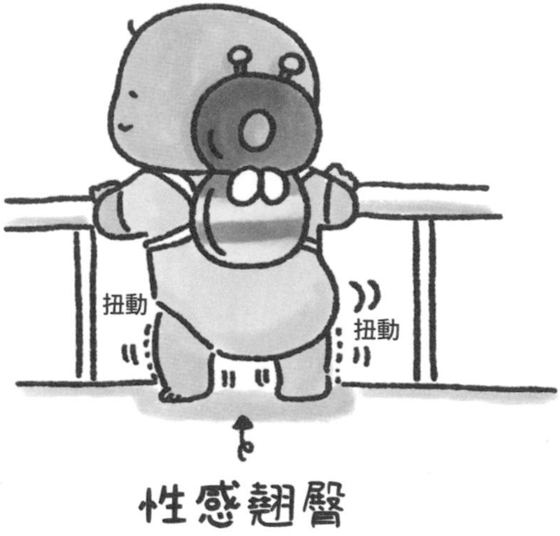
扭動
扭動
性感翹臀

小熊熊努力的扶著嬰兒床欄杆站起來了！開心的屁屁扭來扭去～雖然小腳丫抖個不停，還是捨不得坐下！

註：小熊熊背著的小蜜蜂，是怕小寶寶跌倒摔到頭部的防摔枕。

10M

你看～好多泡泡喔!!!
…

熊爸有把這個畫面拍下來，完全就是一個在自嗨玩泡泡的媽媽，和一個不感興趣還有點不屑的寶寶……嗚……。

11M

小熊熊出去只要看到其他小朋友，就會瞬間失控，死命的伸長手手想抓住對方，彷彿看到跟自己一樣的「生物」，感到很有興趣～

1Y

平常看到任何新鮮的東西都會很感興趣的過去查看，但真的擺了一堆東西要他拿，卻愣住一動也不動，最後在一陣尷尬之下小熊熊終於跨出步伐，挑選了象徵財富的「金元寶」～

註：小孩1歲時父母會舉辦「抓周」活動，看孩子先拿哪樣物品，來判斷孩子未來的職業。

1Y

小熊熊害怕的時候會拍著自己的肚子說「怕怕」「怕怕」，最害怕的東西是米奇存錢筒和小小兵玩具XD

1Y1M

小熊熊人生第一個害怕的食物就是──柚子！！！即使遠遠的剝柚子皮，還是會讓他聞到酸酸的味道。

1Y1M

小熊熊很喜歡把貼紙貼到自己臉上，看到帽子形狀的貼紙，會一邊說「戴戴」，一邊貼在頭上～

1Y7M

小熊熊會把狗狗布偶抱到身邊，然後指著書用「臭奶呆」的聲音跟狗狗介紹車子～

1Y9M

看到什麼東西都會拿起來抱在懷裡！不只娃娃和存錢筒，連玩具車、卡片、遙控器等都會拿來「抱抱」～

1Y10M

喜歡穿著把拔馬麻的大鞋子，小碎步的走來走去～剛好熊爸鞋子多到可以開鞋店，小熊熊穿都穿不完～

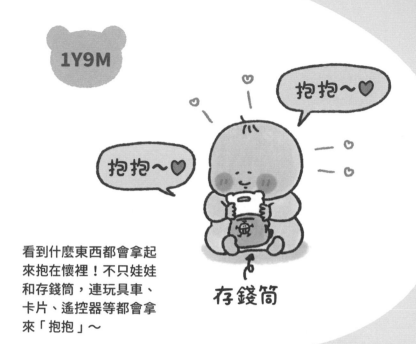

2Y2M

每次到公園，小熊熊都自己一個人玩，不敢和其他小朋友互動。直到有一次去公園，他竟然鼓起勇氣和陌生的葛格說話了！雖然葛格沒有理他，但感覺小熊熊很努力嘗試了！媽媽我看了好感動～

我的名字是……小熊熊
??
還帶了玩具要與其他小朋友分享

2Y3M

「這是我親愛的馬麻～（指）」突然很喜歡這樣講話，不曉得從哪裡學來的？覺得好可愛～

這是我「親愛的」被被～♡
這是我「可愛的」球球～♡

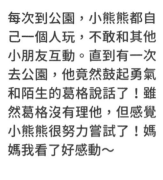

2Y3M

有時候會突然笑著跑過來，抱著馬麻的腿說愛妳～不只愛馬麻，也會愛把拔、愛阿公、愛阿嬤……非常會收服人心的孩子！！！

2Y4M

小熊熊相信睡著後會有「睡覺精靈」跑出來！他們會抓著小孩子的頭、手手和腳腳，一邊用力的拉呀拉，讓小寶寶們很快的長高長大～

阿嬤～
我肚子餓扁扁，
要吃飯飯！
2Y4M

挖
阿嬤直接
端出一鍋白飯

晚餐時間吃了一大碗飯之後，過了一個小時馬上又餓了，阿嬤直接拿飯鍋出來給小熊熊挖著吃～
阿嬤養的就是不一樣XD

馬麻的鼻子裡有……
2Y4M
鼻孔！

小熊熊常常指著自己的鼻子說「有鼻孔！！！」
然後要我用夾子幫他把「鼻孔」夾出來～
後來才知道他說的「鼻孔」等於「鼻屎」。

2Y5M

熊爸：「『老婆』是我在叫的！你這輩子都沒機會了啦！！！」跟小兒子吃醋的大兒子。

2Y5M

有沒有女童裝都比男童裝好看的八卦啊？！實在太可愛了不買對不起自己，所以小熊熊的衣服有一半都是女童的……。

2Y5M

這個叫「西利～祖」
(シリーズ)
西利～祖

阿祖的日文教學時間！發現小熊熊在看日文童書，阿祖興奮的說「來來來～我教你唸！」想到小時候他也曾經教我寫日語五十音，沒想到現在輪到教我兒子唸日文了～

註：シリーズ=系列

2Y5M

小熊熊午覺睡醒，我都會陪他玩「報紙球」拋接遊戲，或是讓他拿「報紙球」對著樓梯丟，看球能不能順利滾下來～非常環保又好玩、而且「放電」效果很好XD

要瞄準喔！
嘿～

小熊熊
2Y7M

小熊熊怕打針

嗯……
很怕打針
打針就像用指甲刺一下～一點也不可怕呀！
乖乖不怕打針
為了讓小熊熊能夠順利的去醫院打預防針，從一個月前就做了各種預習

你看！巧虎說他不怕打針耶～
我也要和巧虎一樣！

那我們明天去打針就不會害怕了，對不對？
不會怕！
自信
滿滿

醫院
我們先來量身高、體重
我要回家！！！
嗚嗚……
回家
回家
回家
都還沒進診間就失控了

加油！加油！打完針有這個喔～
車車圖鑑
←餅乾

安撫道具準備一大堆的熊媽

妳愛我還是他？

怕吵醒小熊熊
躡手躡腳進
房間的爸爸
小心翼翼
啊!!!
碰
!!!
怎麼了?!
這麼大聲?!!!
呼～
好險沒醒……
欸……
我以為妳急急
忙忙跑來，是
為了關心我……
臭小子！

忍不住跟小熊熊吃醋的熊爸

小熊熊2Y7M

迷上帶手錶的小熊熊

我長大了！可
以戴手錶了

手錶不見了!!
卡在袖子
裡而已啦！

其實只是一支阿嬤
從抽屜裡挖出來的舊錶
已經壞掉了
錶帶還氧化
變黃
還是非常喜歡！

這支手錶壞掉了，
不會動了啦～
外公
沒有!!!
沒有壞掉！
替寶貝手錶辯駁的小熊熊

…

**後來買了兒童電子錶給他，
卻反而沒那麼感興趣了**

漢堡蛋

馬麻～～
我要變成「漢堡蛋」
好、好，馬上來！！
媽媽隨興發明的無聊小遊戲
完成了！
哈哈～哈
哈～
哈～
漢堡蛋？

碰
碰
馬麻～壓一壓！
哈哈哈
依然可以玩得津津有味的小熊熊

小熊熊漢堡蛋

小熊熊2Y7M

受到鼓勵的媽媽

媽媽小的時候
沒有這種玩具車呢……
枯葉
我的借給
馬麻玩～
!!
可是我不太會挖欸……
開始教起我來了
像這樣……
把它放到地上……
而且覺得有點似曾相識
我才發現
他每句鼓勵我的話……
妳可以！
馬麻妳可
以的！！！
喔～挖到了！！

挖到了！
挖到一個了！！
好棒～
每個鼓勵我的動作

都是我曾經對他說過的話、
鼓勵他的動作

可以的！
你可以的！
再試一次！
我不會挖……

最近強烈覺得小熊熊好像一夜長大了，總是會說出很成熟的話。身為媽媽，一方面很高興看到他的成長；一方面又覺得有點寂寞……不知道哪一天會突然說他長大了，不想再黏著媽媽了。

「豬」隊友？

要來吃飯囉！
不要
……只好出動隊友了
誰要和豬豬
一起吃飯呀？
我要！！
我要～♥
啊啊啊啊
我吃一口
豬豬也吃一口
啊啊啊啊
比起爸爸媽媽，
更加聽豬豬的話的小熊熊

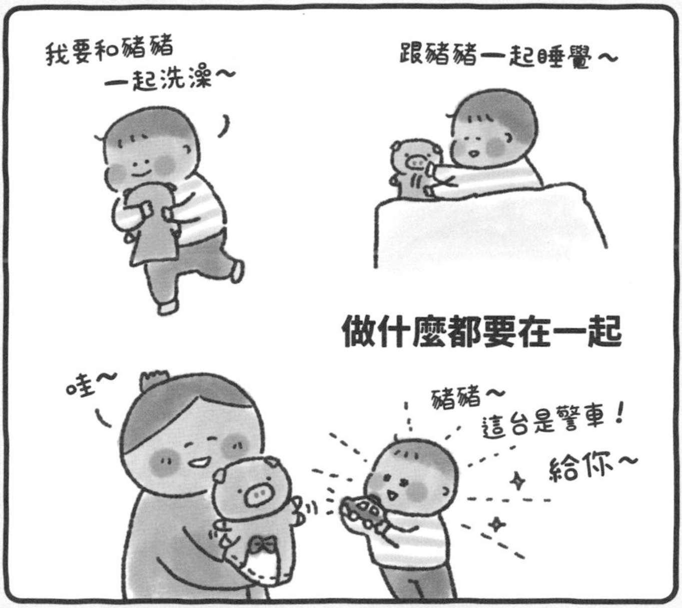
我要和豬豬一起洗澡～
跟豬豬一起睡覺～
做什麼都要在一起
哇～
豬豬～這台是警車！
給你～

我要帶豬豬去玩～
放在帽子裡
=3=3=3
和豬豬建立起深厚的友誼

我不是「豬」隊友
我是神隊友!!

小熊熊2Y7M

喝剩的飲料

你在做什麼？

=3=3

那個是……

偷偷摸摸

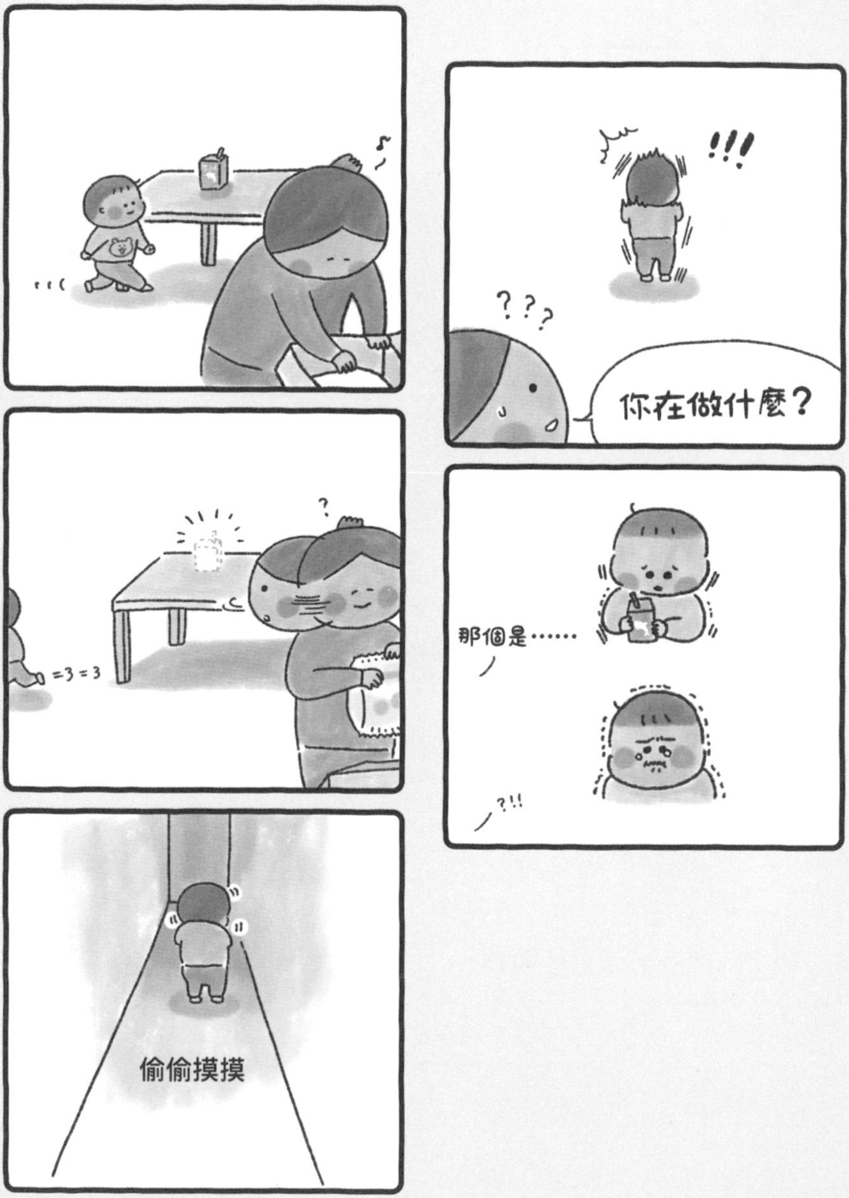

被抓到偷喝飲料而爆哭的小熊熊

也曾經躲在廁所裡偷吃洋芋片

一石二鳥的遊戲

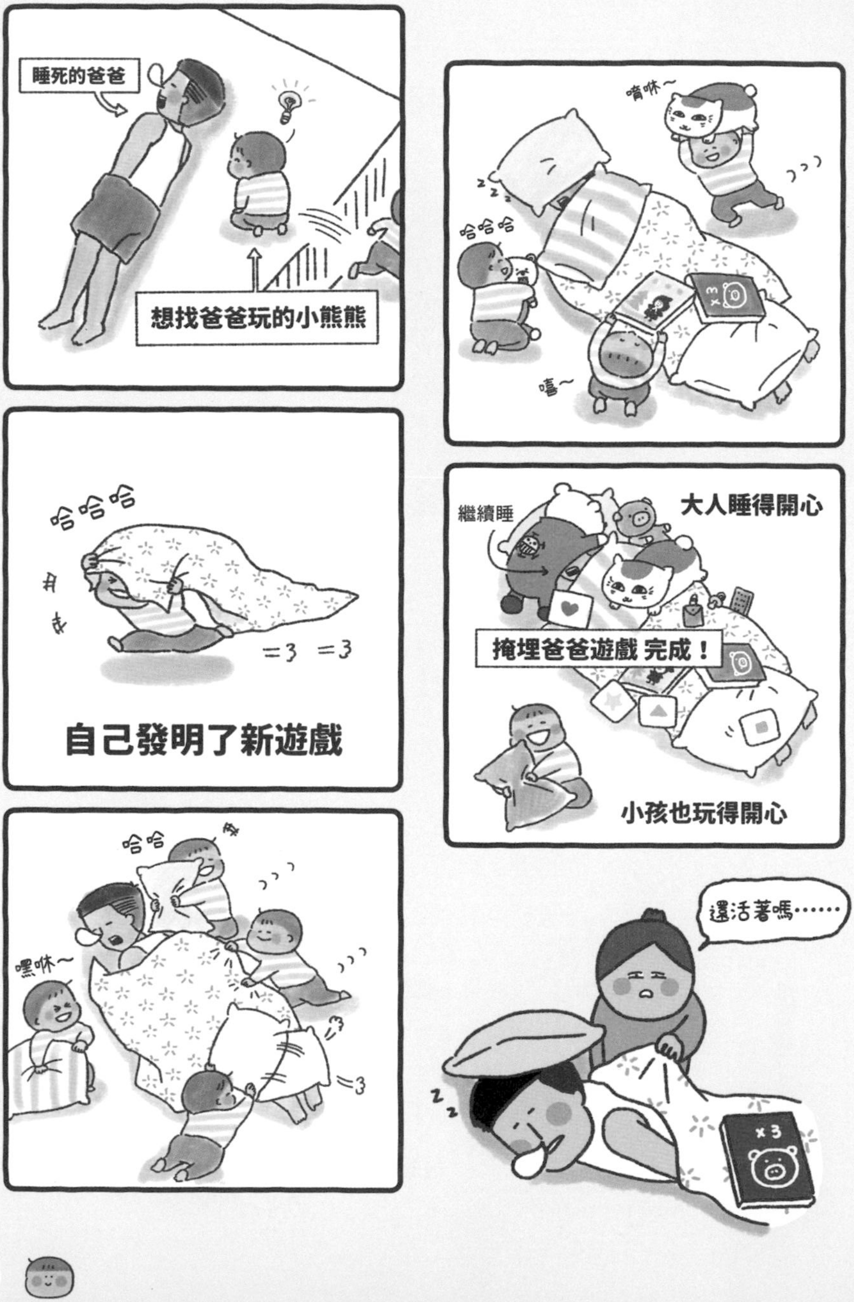

睡死的爸爸
想找爸爸玩的小熊熊
哈哈哈
自己發明了新遊戲
哈哈
嘿咻～
唷咻～
哈哈哈
嘻～
繼續睡
大人睡得開心
掩埋爸爸遊戲 完成！
小孩也玩得開心
還活著嗎……

情不自禁

這個……等我長大就可以吃了！
不能吃糖果，依然表現的很認命的小熊熊
摳
摳
時不時拿出來看一看、玩一玩
有一天
突然克制不了
包裝紙……
ㄎㄜ
ㄎㄜ
啊姆

唯一可以偶爾吃一下的糖果是
阿嬤買的羊乳片

小熊熊2Y7M

column 01

關於高敏兒

對外界環境感受比一般的孩子來的敏感

這是什麼聲音?!
好吵……
好可怕……
結婚喜宴

會立刻注意到家中擺設或周遭的人外貌上細微的變化

新的!
把拔的頭髮……
剛剪頭髮

做任何事情都會謹慎觀察後再行動

情緒容易激動，「小事情」也可能使他崩潰大哭

難以入睡，
半夜容易醒來

高敏兒檢測表

○ 1 容易受到驚嚇

○ 2 不喜歡衣服質料粗糙刺痛，以及襪子的縫線和衣服標籤摩擦肌膚的不適感

○ 3 不喜歡意外的驚喜

○ 4 溫柔的勸說比嚴厲的處罰有效

○ 5 好像可以看穿我的心思

○ 6 會使用超齡艱澀的詞彙

○ 7 會注意到不同於平常的氛圍

○ 8 幽默機智

○ 9 直覺敏銳

○ 10 太過興奮會難以入睡

○ 11 難以適應生活中突如其來的變化

○ 12 衣服濕了或弄髒就想馬上換衣服

○ 13 有問不完的問題

○ 14 完美主義者

○ 15 會注意到他人不開心

○ 16 喜歡自己安靜的玩耍

○ 17 會提出需要思考的深奧問題

○ 18　對疼痛、悲傷非常敏感

○ 19　在吵雜的環境中會焦躁不安

○ 20　觀察細微
（例：物品位置不同或外觀上的改變）

○ 21　非常謹言慎行

○ 22　在他人面前報告時，如果沒有陌生人在場，會進行的比較順利

○ 23　對事物有深刻感受

以上符合的項目超過13個，代表孩子極可能是高敏兒。

（即使只有1、2個項目符合，如果程度比重很大，也表示孩子可能是高敏兒。）

註：高敏兒檢測表：美國臨床心理學家伊蓮．艾融（Elaine N.Aron）製成的檢測表。高敏感孩子（HSC = Highly Sensitive Child）一詞，最早也是艾融博士所提出。

小熊熊

2Y8M

媽媽有感而發

2 年前
擠母奶好辛苦，每天嚴重睡眠不足，希望他快快長大，我就能脫離地獄般的生活了……
小熊熊 7 個月
0:05
0:20
2 年後回顧以前的照片，只記得當時美好的回憶。
圓滾滾的好可愛唷～
怎麼當時就只會抱怨。
當時怎麼都沒好好珍惜這段時光呢……
但是已經回不去了
等等!!!會不會幾年後，我又這樣邊看照片邊懊悔……
每當我這樣想……
就覺得必須好好珍惜當下
因為孩子長大了，就只會離我們越來越遠……
給馬麻抱一下～
好～
等小熊熊再大一點，就不會想要這樣和爸媽抱抱了吧……

堆高機

家附近時常有堆高機出沒
小熊熊都會
跑去看
← 非常熱愛車車

堆高機要開走的時候
掰掰～
小熊熊會跟
司機杯杯揮揮手
杯杯也會
回應他

堆高機杯杯有
跟我說掰掰耶～
太棒了！
會為了這件事
高興不已

即使堆高機開走了，
小熊熊也會目送著它離開。
不斷的揮手，
直到看不見為止。

堆高機杯杯下車
讓小熊熊坐坐看駕駛座

餅乾

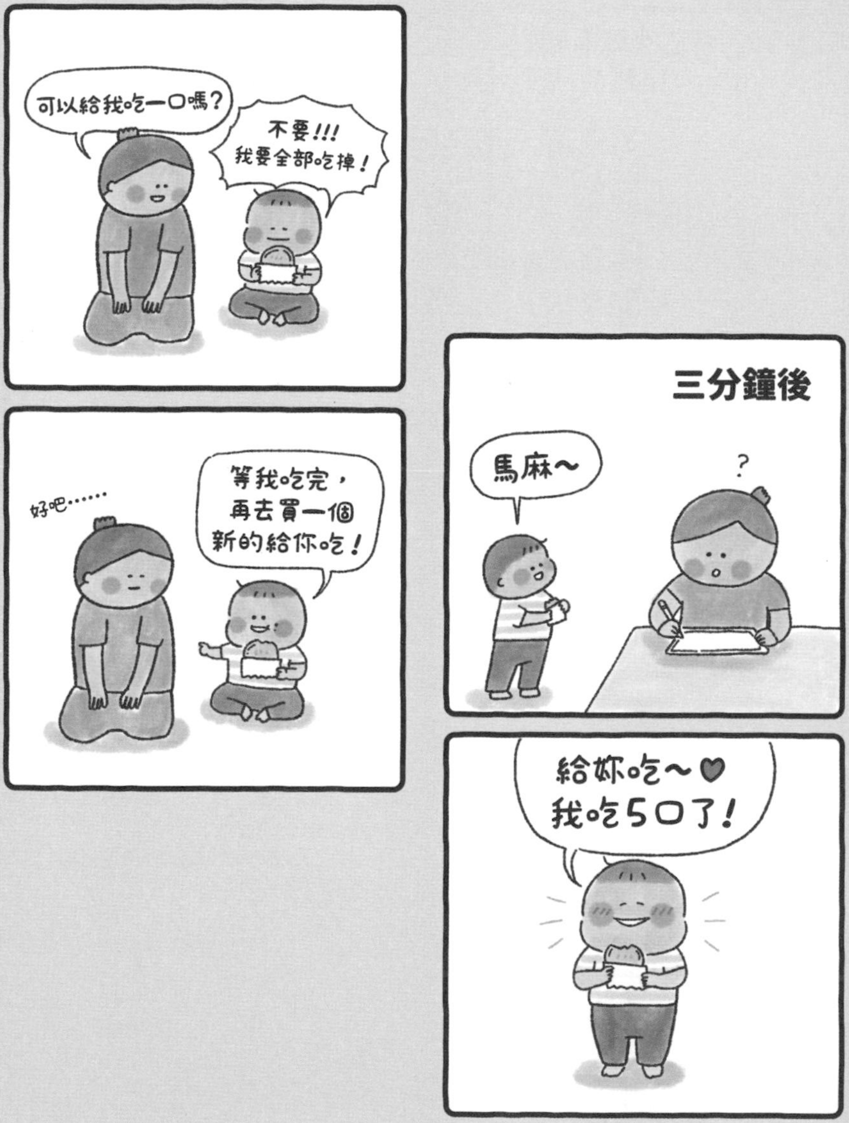
可以給我吃一口嗎？
不要!!!
我要全部吃掉！
好吧……
等我吃完，
再去買一個
新的給你吃！
三分鐘後
馬麻～
?
給妳吃～♥
我吃5口了！

竟然願意把
心愛的餅乾給我吃!!!
感動
那我就不客氣的吃了！
好吃～
馬麻!!!
妳吃好大～口唷!!!
嗚嗚……
←好可憐
對不起！
我以為
全部都要
給我吃……

小熊熊2Y8M

跟睡魔對抗的小熊熊

《床吸引力法則》

很會撩

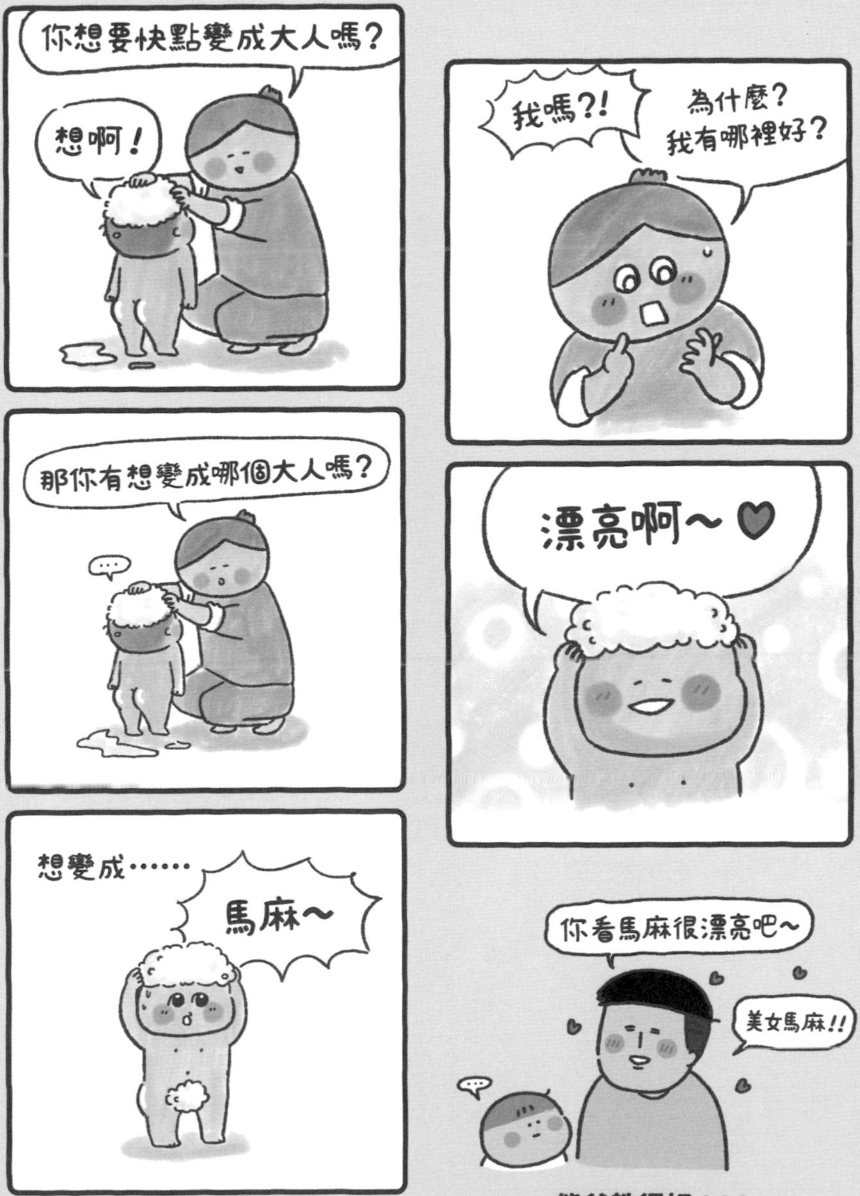
你想要快點變成大人嗎？
想啊！
那你有想變成哪個大人嗎？
…
想變成……
馬麻～
我嗎?!
為什麼？
我有哪裡好？
漂亮啊～♥
你看馬麻很漂亮吧～
美女馬麻!!
…

熊爸教得好！！！

小熊熊2Y8M

包春捲遊戲

把拔!!!
來玩包
「春捲」~♥
好……
我要包
好多料!!!
嘻嘻
要包起來囉~
好哇!
哇~~~
哈哈哈哈!
滾滾滾
好重
……
胖胖的大春捲 完成!
好好玩喔~♥
把拔~
你也要包起來~♥

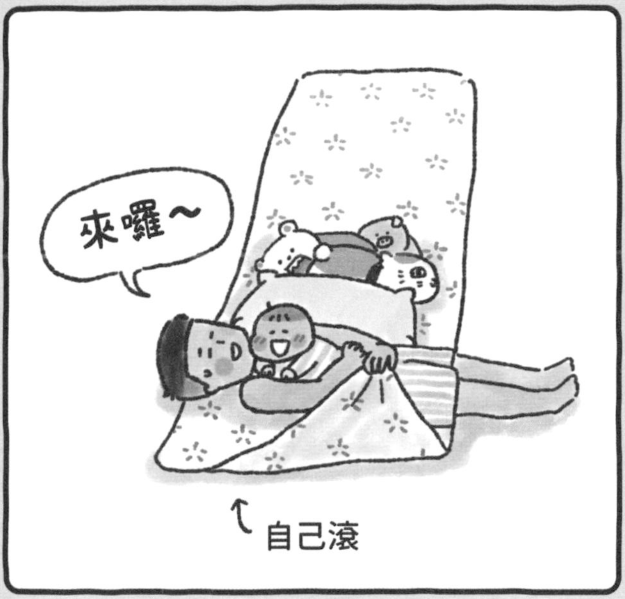
來囉～
自己滾

特大號雙人春捲 完成！
啊哈哈哈哈哈
哈哈

本來是捲壽司遊戲，過了清明節之後被小熊熊改名為「包春捲」遊戲www

紙箱玩具

有紙箱可以玩了！
○○抽取式衛生紙
○○抽取式衛生紙
耶～♥
買了兩箱衛生紙
過山洞遊戲
○○抽取式衛生紙
高鐵也要過山洞！♥
看起來有點無聊，但意外的可以玩很久～
先把紙箱壓扁扁
滾來滾去遊戲
哈哈哈哈
做成車車溜滑梯
○○抽取式衛生紙
要不要把兩個紙箱合在一起？

媽媽自己也
玩得很開心
〇〇抽取式衛生紙
秘密基地，完成！

我的秘密基地！

當機的小熊熊

睡著後滾到其他地方的小熊熊
馬麻!!!
馬麻!
馬麻!
突然驚醒找不到媽媽
!!
媽媽在這裡呀~
沒有跑掉~
發現媽媽之後
呆滯……
兩眼空洞的盯著媽媽
持續了超過 5 秒
盯
是當機了嗎?!
畫面太可愛了忍不住笑出來 →
看到媽媽在笑的小熊熊
也笑著睡著了

天堂在哪裡？

貓咪都會躲在
那裡偷看我～
貓咪呢？
有一隻小野貓常在附近出沒
小野貓前陣子出車禍死掉了
貓咪已經
上天堂了
天堂……在哪裡？
在雲朵上面
很高很遠的地方
已經不會
再回來了……
會回來!!!
我去水溝拿水管給牠
爬下來！
就算這樣牠也不會
回來了……
你很想牠嗎？
想～
我最喜歡貓咪了～♥
還無法理解「死亡」
是怎麼回事的小熊熊

小熊熊2Y8M

想像的手機

馬麻～
妳在做什麼？
!!
傳訊息給
把拔呀～
把拔沒有回我……
要不要打電話試試看？
我也要傳訊息給把拔～♥
?
喂～把拔在家嗎？
嗯……嗯……
#@△□#△
（聽不懂的語言）
← 正在傳訊息（想像）
其實只是一個
老舊的手機殼

小熊熊2Y8M

浮誇系小孩

木頭玩具
玩切水果遊戲的小熊熊
啊�！
假裝吃了一口檸檬
...
好酸喔~~~~!!!
握緊
超用力
戲精
OSCARS

得獎者：小熊熊

影子遊戲

蝸牛～
那是雪人嗎？
其實想比蝸牛，但是手指頭沒辦法靈活比出YA
成功了!!!
每次都會比在後腦勺
兔兔～
超巨大鍬形蟲怪物來了—!!!
啊姆啊姆～把你吃掉！
啊姆啊姆～
哈哈哈哈哈哈！
幼稚媽媽的日常

小熊熊2Y8M

下雨天了怎麼辦？

下雨!!!
喔耶—!
我要去外面玩～
終於可以穿上久違的雨鞋
趁雨停，去踩水窪吧！
用得全身髒兮兮也沒關係喔!!!
哇～好好玩喔!!!
想像圖
現實是……
…
小心翼翼
緩慢

STAMP

小熊熊的每一天

NOT FOR SALE

東販出版

鞋子髒了
我不要玩了……
結束。
這麼快!?

衣服和褲子竟然
都沒弄髒……
為了奇怪的點感到有點失望的奇怪媽媽

喜歡和小動物講話的小熊熊

專屬椅子

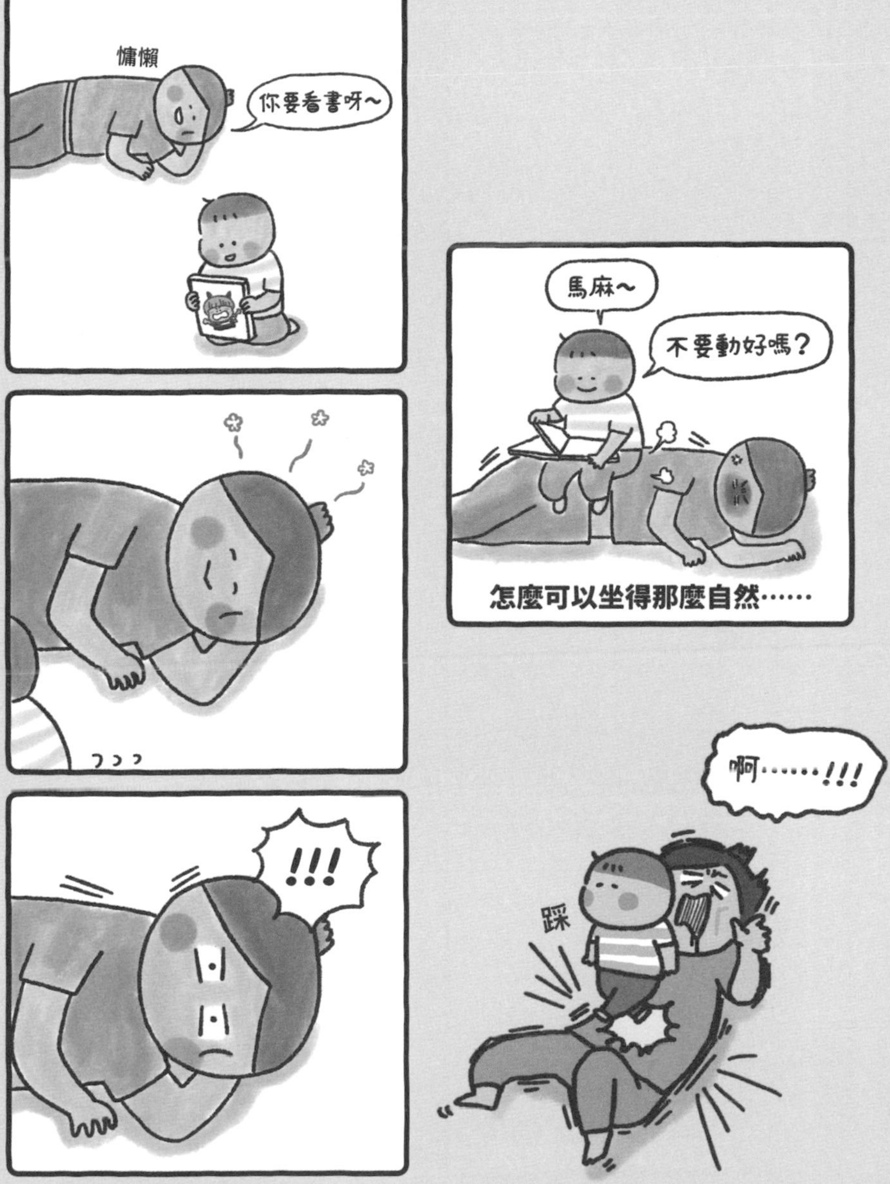
慵懶
你要看書呀~
!!!
馬麻~
不要動好嗎?
怎麼可以坐得那麼自然……
啊……!!!
踩

小熊熊2Y8M

後知後覺的痛痛

碰!
跌倒了!
好大聲!
很快又爬起來繼續玩
看樣子應該沒事……
呼
當天洗澡的時候
!!!
好大的傷口!!!
馬麻~妳在看什麼?
?
!!!
完蛋了……
嗚嗚……
太過害怕而無法繼續洗澡的小熊熊

公園

有一次帶小熊熊去公園玩
小熊熊好像以為對方要跟他玩
開心的對他們比了「YA」……
擋住
結果小朋友們故意
擋著不讓小熊熊玩
公園是大家的!!!

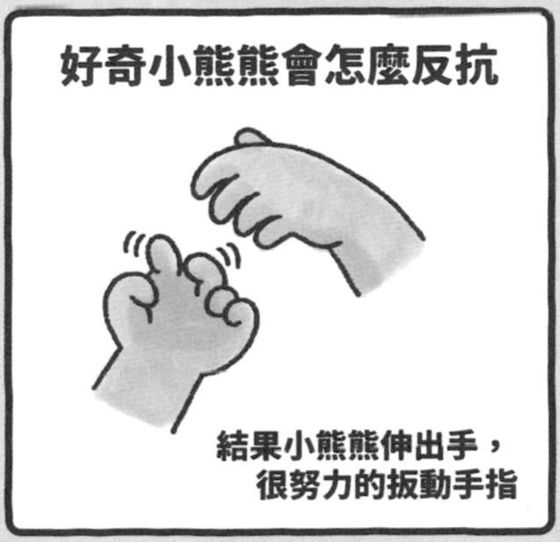
好奇小熊熊會怎麼反抗
結果小熊熊伸出手，
很努力的扳動手指

每次碰到這種情形，我都會讓小熊熊跟他們說：「我可以跟你們一起玩嗎？」如果對方不領情，我會讓小熊熊勇於跟他們說「公園是大家一起玩的！你們不可以霸佔！」對方還是繼續霸佔，我就會出面勸說。
我希望小熊熊知道，碰到任何的不公或欺負，都要勇於為自己捍衛權益，如果仍然無法解決，我希望他知道父母永遠是他堅強的後盾～

column 02

千奇百怪 睡姿大集合

「我投降」睡姿

「翹屁屁」睡姿

「SUPER MAN」睡姿

「小少爺」睡姿

千奇百怪 睡姿大集合

「吃我的腳腳」
睡姿

「無尾熊」
睡姿

「把馬麻壓扁扁」
睡姿

小熊熊
2Y9M

只要我長大

糖果耶～♥
阿嬤的
糖果罐
藏起來的糖果被找到了！
分送給大家
但是這個
我不能吃
超認命!!!
我等一下再吃，好嗎？
要吃了嗎？
這個跟這個是好朋友～
只好拿來扮家家酒
吃呀快吃呀快吃呀快吃呀快吃呀

?!!
我幫妳打開吧！
吸
吸
不能吃，就用「吸」的
等我長大
所～有的東西，
我都可以吃了♥
竟然露出這麼滿足的表情
同場加映
這個我現在
還不能吃！！
給妳吃～♥
(硬要剝給媽媽吃)
花生
糖果是大人才可
以吃的啦!!!
給你～

小熊熊2Y9M

小小靈異故事

某天早上，
小熊熊望著神明廳裡面
那裡有一個人！
怎麼可能會有人……
…
還在那裡嗎？
…
他在哪裡？
在那裡啊！
躲在桌子底下？
在這裡！

擔心小熊熊會害怕，
我裝作若無其事的跟他聊天
那他是男生還是女生呢？
是男生！
阿公～
阿公？!!

當下我猜想應該是長得像「阿公」的祖先回來看子孫，殊不知竟然被小熊熊「撞見」，所以趕緊躲到桌子底下，結果還是被小熊熊找到了XD

阿公～♥
← 完全不覺得害怕

掰掰

小熊熊喜歡跟各種東西說話
在公園裡看到含羞草
含羞草，掰掰～
小心翼翼不去踩到
從監視器畫面看到車子開過去
掰掰～♥
司機杯杯沒有跟我說掰掰……
他在外面看不到你呀……
便便完也要
嘩啦～～～～
便便～掰掰～♥
上次便便完就沖掉了，我忘記跟它說掰掰……
那個……沒、沒關係

小熊熊2Y9M

是有多像？

假日帶小熊熊去科博館
!!!
這個!!!
看到某個東西突然很興奮的衝過去
長得好像
把拔!!!!
(超大聲)
我想回家了……
好像把拔!!
這個好像
把拔!!
馬麻～
這個長得好像
把拔!!
(講個不停)
把拔……

母親節

小熊熊很喜歡清明節，
因為可以吃到潤餅……

小熊熊2Y9M

棉被秘密基地

把拔馬麻～
趕快進來秘密基地!!!
把拔馬麻 也要踢!!!
踢
踢
踢
哈哈哈哈哈哈
進來一點！
會被看到!!!
被誰看到？
哈哈哈哈哈哈
什麼奇怪的遊戲
好暗喔～♥
還要！還要!!! ♥
熱

腳趾功夫

腳邊一堆玩具
你看看～
哇喔——!!!
夾不起來……
腳太小
夾起來了～!!♡
直接用手放
你看！這麼大的扭蛋
我也夾得起來～
打開的
扭蛋殼
ドヤ
玩著奇怪遊戲的母子檔

小熊熊2Y9M

可愛

這是我!!
對呀~
馬麻呢?
…
期待
期待
馬麻~
妳怎麼那麼
愛畫我呀?
因為你很可愛啊~♡
不可愛
我比較可愛♡
你是不是很可愛?
嗯!
我很可愛!!!
妳怎麼會可愛呢?妳是漂亮啊!!!
超~美!!!

熱呼呼

馬麻～我要睡在妳懷裡
躲著
看起來好像很溫馨……
但其實超熱
好像抱著一團火球
熱
熱
體溫很高的兩人
終於睡著了……
呼
汗水
頭髮像洗過澡一樣
好冷喔……
冷氣房裡兩樣情

小熊熊2Y9M

被警告的媽媽

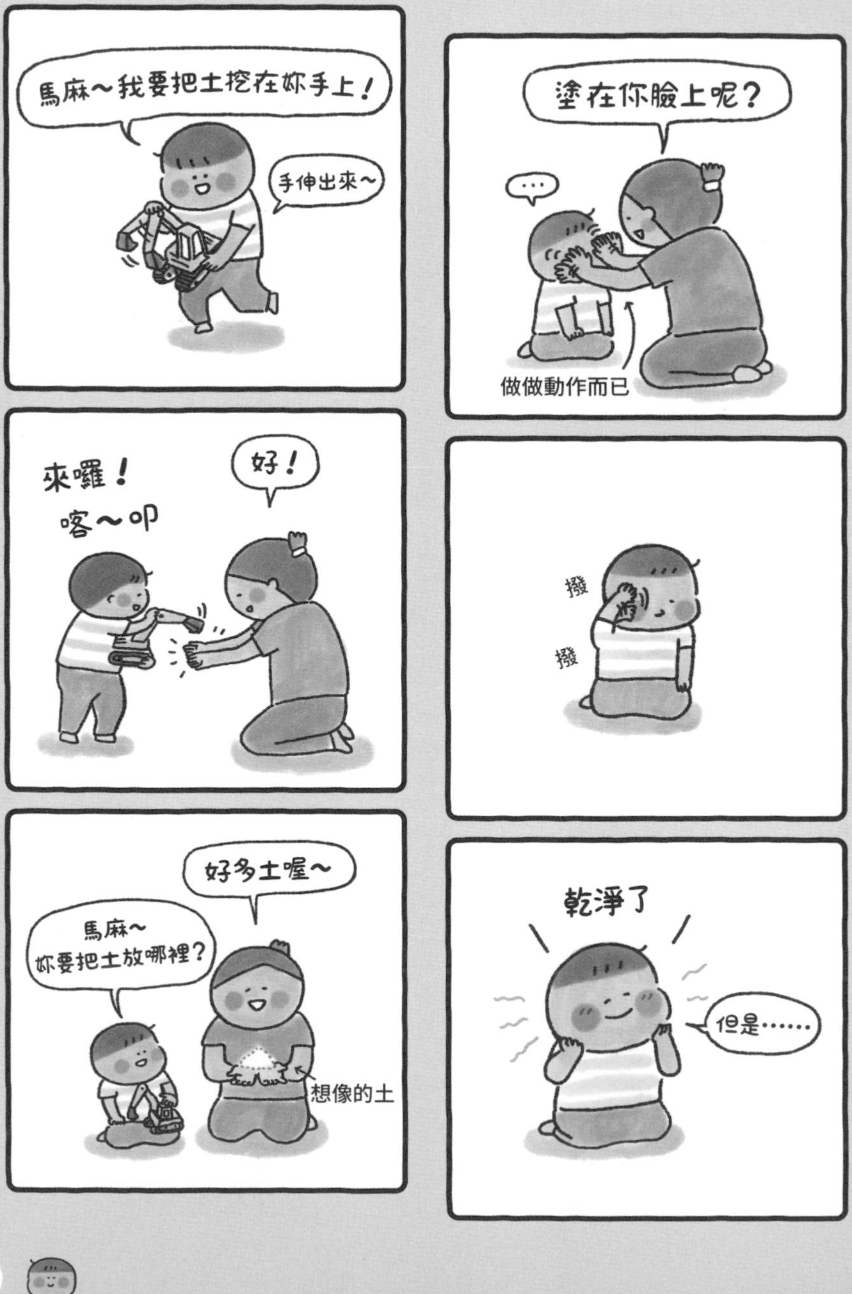

馬麻～我要把土挖在妳手上！
手伸出來～
來囉！
喀～叩
好！
馬麻～
妳要把土放哪裡？
好多土喔～
想像的土
塗在你臉上呢？
……
做做動作而已
撥
撥
乾淨了
但是……

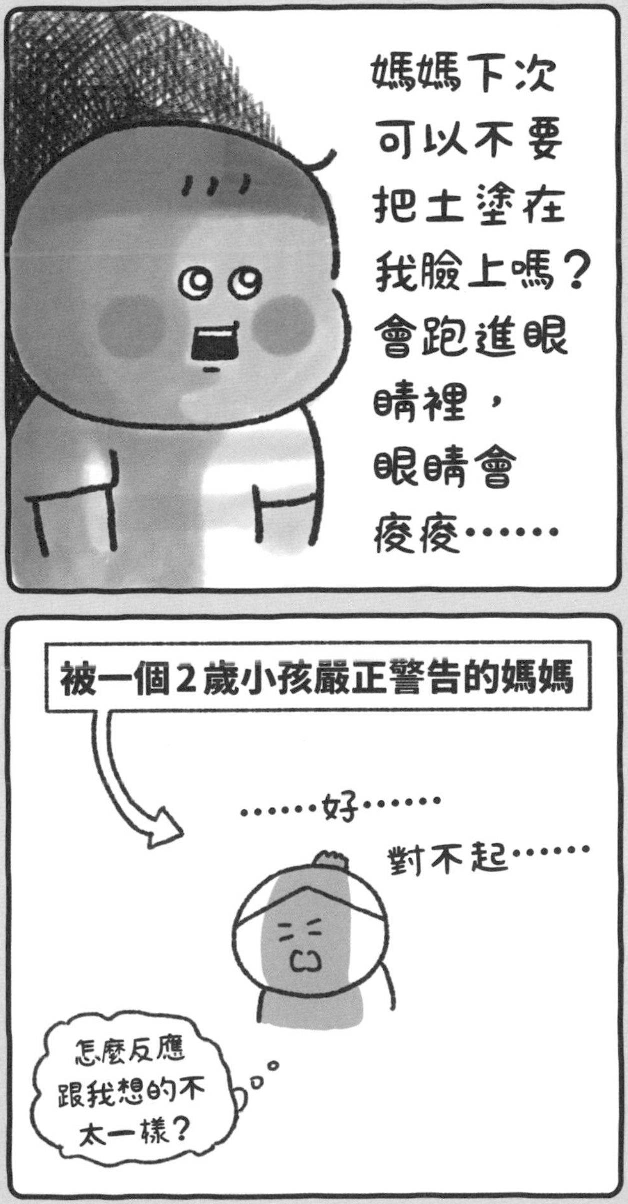
媽媽下次可以不要把土塗在我臉上嗎？會跑進眼睛裡，眼睛會痠痠……
被一個2歲小孩嚴正警告的媽媽
……好……
對不起……
怎麼反應跟我想的不太一樣？

小熊熊2Y9M

躲貓貓

要不要玩躲貓貓？
要!!! ♥
8歲的表哥
我數到10
你要躲起來喔！
好!!
紙箱秘密基地
1、2……
3、4、5……
躲好了
有夠好找
……10
躲好了嗎？
爬出
躲好了!!!
站起來
蛤?!
完全搞錯玩法的小熊熊

那個是什麼？

某天早上在車上
啊!!! 那個… …是什麼？
那個……就是……什麼星的
???? 他在說什麼？
那個……流什麼的……那個星的……
很努力想說出來的那個東西其實是……
那個!!!
飛機線≠流星
飛機長尾巴了～
小熊熊2Y9M

Rocker

聽到搖滾樂的小熊熊

（好像在亂唱一通但其實音很接近）
激動地在床上又唱又跳
會突然變得很High

還會對著牆壁甩頭

Rock!!
喜歡搖滾樂的熊熊一家

一聽到搖滾樂，
就算光屁屁也可以很High！

啊～～～

哇～～～～♥
奶酪
我要全部吃掉！
妳一口、我一口，
啊——♥
…
對不起……
剩下一點點，我可以全部吃掉嗎？
馬麻～啊——♥
竟然捨得分給我吃
小天使
太萌了!!! 我的天啊！（←兒子傻瓜）

小熊熊2Y9M

「大眾」臉

這是把拔～
← 馬鈴薯……
把拔!!!
棉絮……
這是把拔……
昆蟲百科

的頭!!!
← 糞金龜滾的「糞」

這是埋葬「把拔」蟲
這是大腳「馬麻」金龜

真正的蟲名應該叫
「埋葬蟲」和「大角金龜」

捨不得吃

要吃餅乾嗎？
只有一包喔～
吃完就沒有了！
要♥
我有吃一根了！
啊呣
啊呣
剩下的留著明天吃……
裝進去
咦？不吃啦？
只有一包喔～吃完就沒有了！只有一包喔～吃完就沒有了！只有一包喔～
不然吃完就沒了
就沒有了！
怎麼好像有點可憐……

小熊熊2Y9M

ㄓ力君！！！

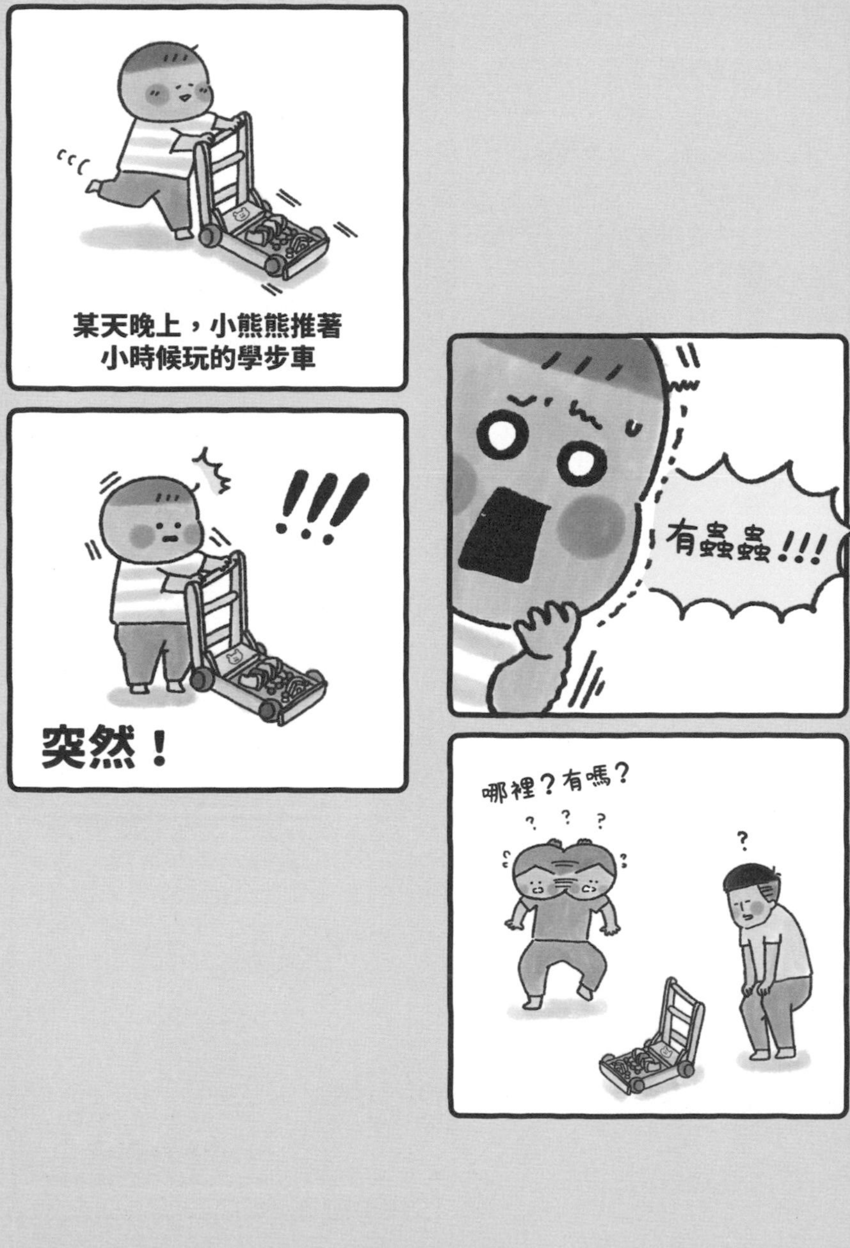
某天晚上，小熊熊推著
小時候玩的學步車
!!!
突然！
有蟲蟲!!!
哪裡？有嗎？

還以為是什麼
可怕的蟲子
那不是什麼蟲蟲，
是螞蟻啦～
只是比較大隻而已

ㄓㄌ君
其實小熊熊
看到的是這個
跑走
完全搞錯
目標的兩人

好大的
螞蟻!!!
被誤導的
小熊熊

我已經儘量把牠畫得可愛一點，也取了可愛一點的名字，希望大家看了比較不會不舒服(;´-`)

熊媽我雖然頗愛昆蟲，但「ㄓㄌ君」真的不行……，不過正確來說牠應該不能算是昆蟲，應該歸類在「噁心生物」比較恰當（擅自亂分類）。

沒事！
妳不要看!!!
ㄓㄌ君
怎麼了?!

ㄓㄌ君＝蟑螂

可怕的病毒

雙北升級三級警戒……全國娛樂場所關閉
他在說什麼?
到處都有一種可怕的病毒，會讓人生病。所以現在我們不能出去玩或逛夜市了
病毒不會去找好人!!!
馬麻也好希望病毒不會去找好人喔……
…
阿公、阿嬤!有可怕的病毒～要小心喔!
姑姑～要小心喔!
住美國的姑姑

著急著警告大家的小熊熊

貼心叮嚀

不知從哪裡學來的尾音

小熊熊2Y9M

column 03

小熊熊擅長的事情

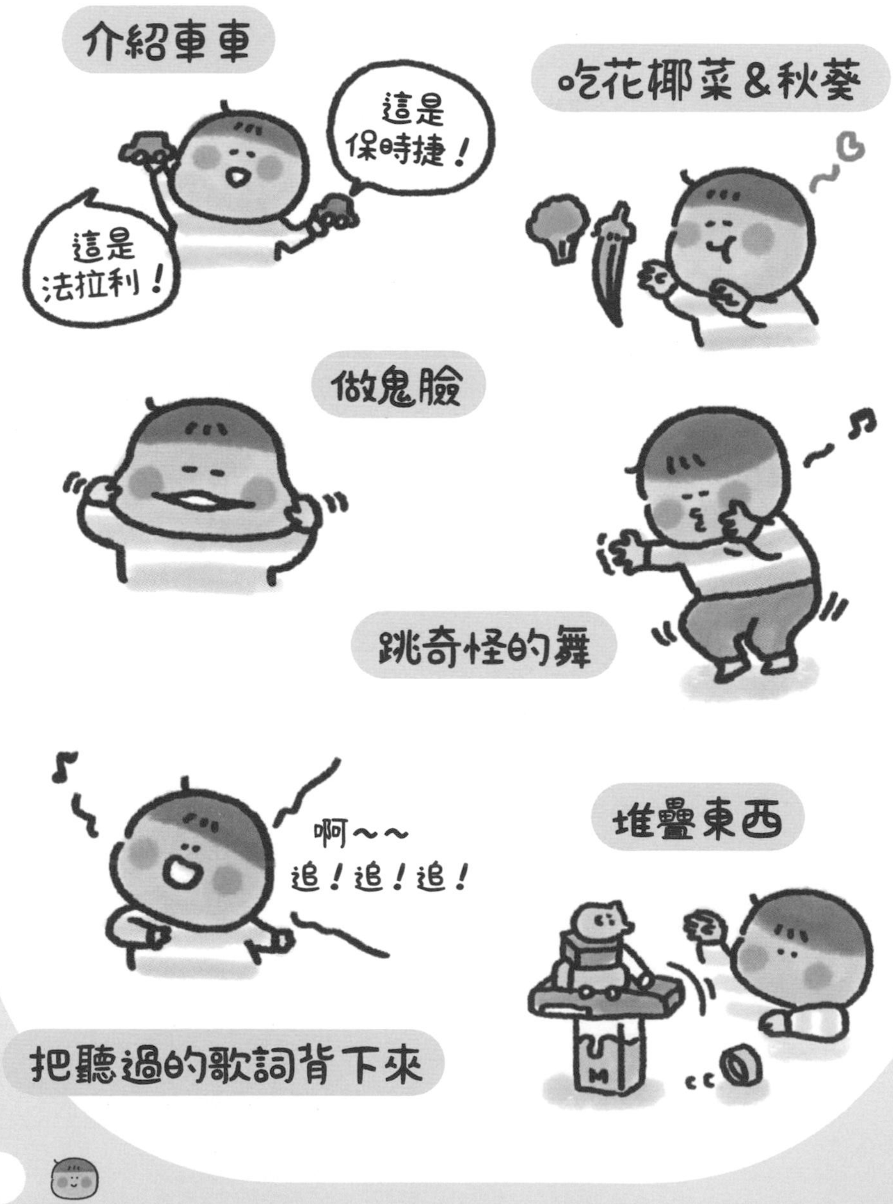
介紹車車
這是保時捷！
這是法拉利！
吃花椰菜＆秋葵
做鬼臉
跳奇怪的舞
啊～～
追！追！追！
把聽過的歌詞背下來
堆疊東西

小熊熊不擅長的事情

叫人

吃（花椰菜＆秋葵以外的）青菜

脫衣服

坦誠的認錯

睡覺

直視眼睛很大的東西

小熊熊
2Y10M

到處都是我的伸展台

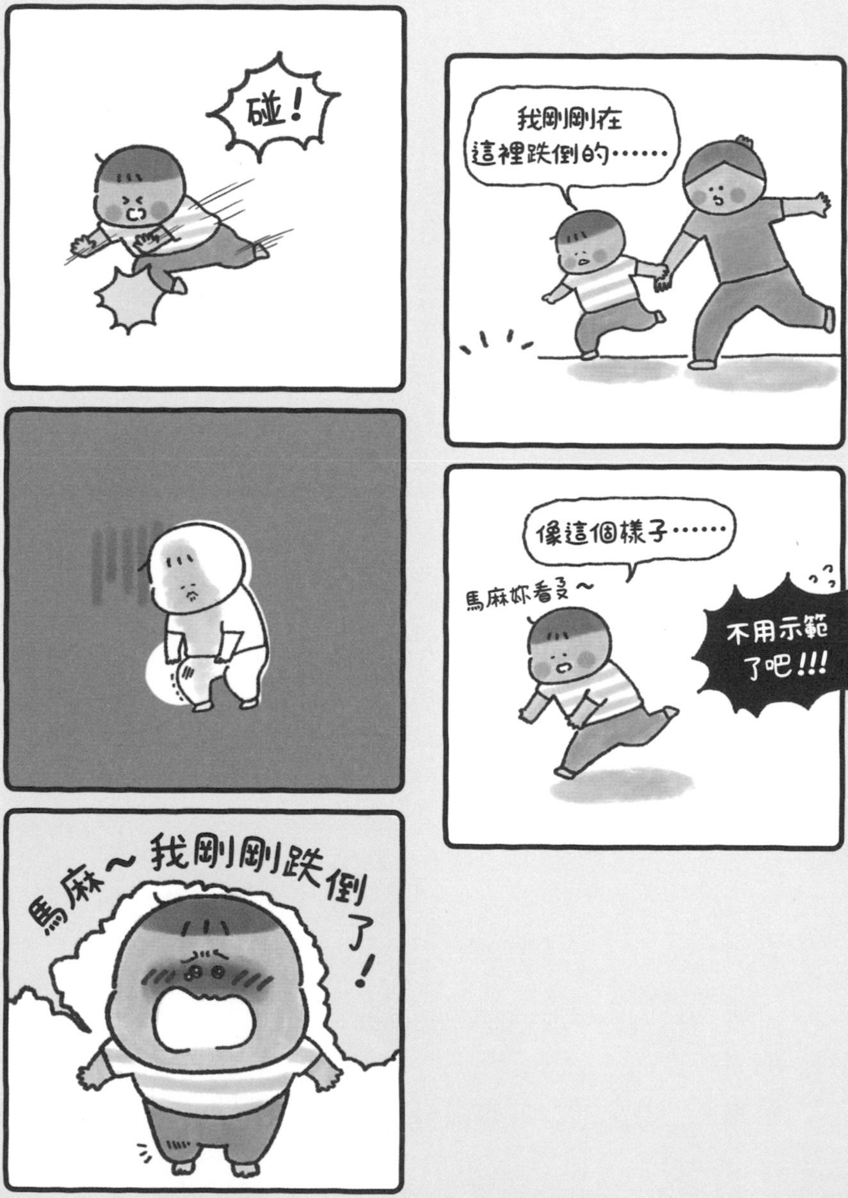
碰！
馬麻～我剛剛跌倒了！
我剛剛在這裡跌倒的……
像這個樣子……
馬麻妳看ㄡ～
不用示範了吧!!!

碰！
!!!

這樣～
大変よくできました。
恭喜獲得「賣力表演」獎

害羞

在發呆嗎？
哈哈錄下來～
渾然不知
發現有人在錄影的小熊熊
!!!
被發現了!!!
會露出害羞的表情
下一秒
拼命做鬼臉以掩飾害羞
這是什麼表情?!XD
我要表演囉～
馬麻拍！
馬麻拍！
其實很喜歡被拍

倉鼠

正在模仿螃蟹吃飯

小熊熊2Y10M

媽媽理髮廳

頭髮太長了～要剪囉！
我要給馬麻剪～♡
不敢給別人剪
來剪個層次好了！
超級門外漢
是這樣剪嗎？還是……
不要亂跑啦!!!
不要再動了……
動來動去
動來動去

不過本人似乎還蠻滿意的

小熊熊2Y10M

社交距離

有豆娘欸!!! 你看!
在家門口發現一隻豆娘
突然飛起來
!!!
嚇
馬麻~ 快去拿豆娘的書!!!
豆娘又停下來了! 可以唸書給他聽了~
豆娘你看~ 這是豆娘喔~
有畫豆娘的繪本
豆娘， 你看……
3m

冰敷？

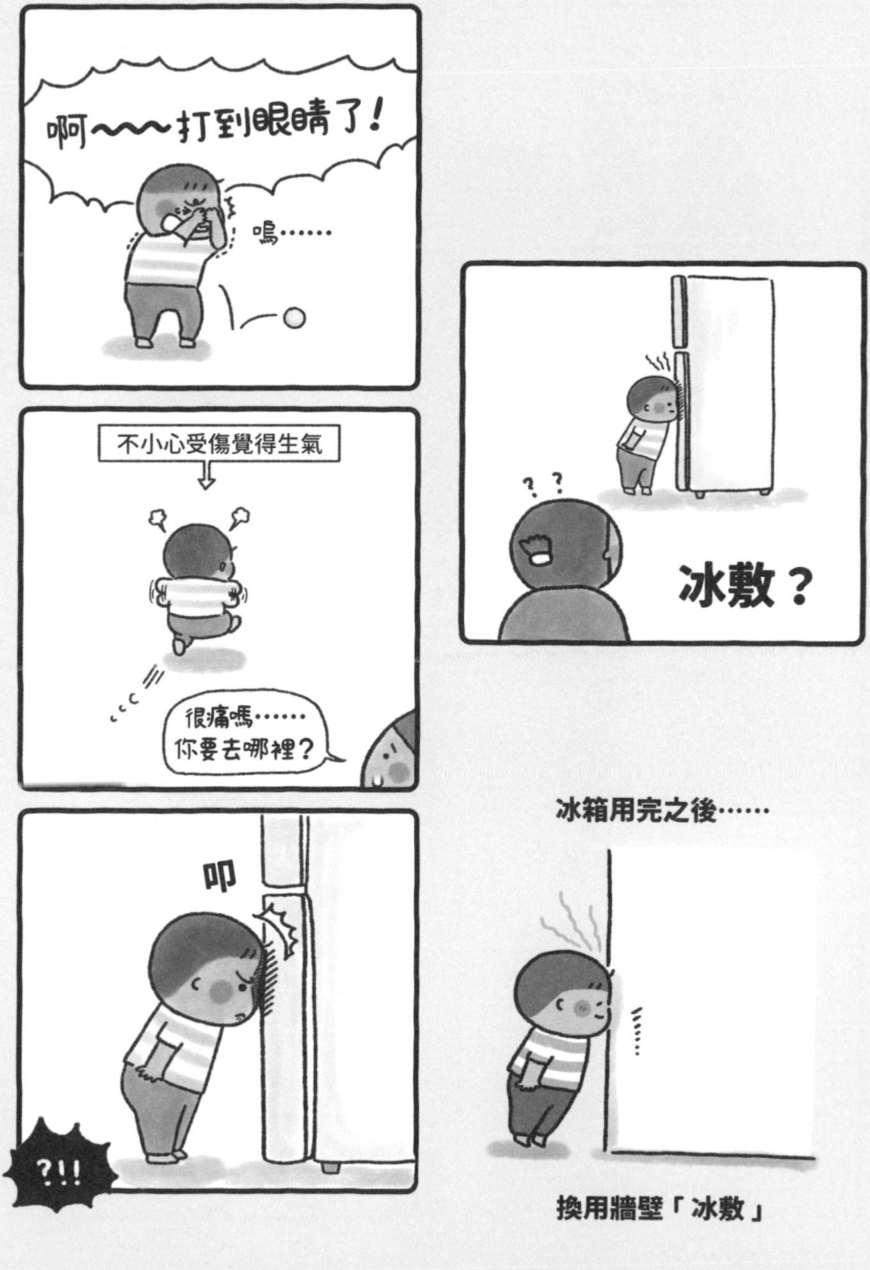

啊～～～打到眼睛了！
嗚……
不小心受傷覺得生氣
很痛嗎……
你要去哪裡？
叩
?!!
? ?
冰敷？
冰箱用完之後……
換用牆壁「冰敷」

小熊熊2Y10M

胎內記憶

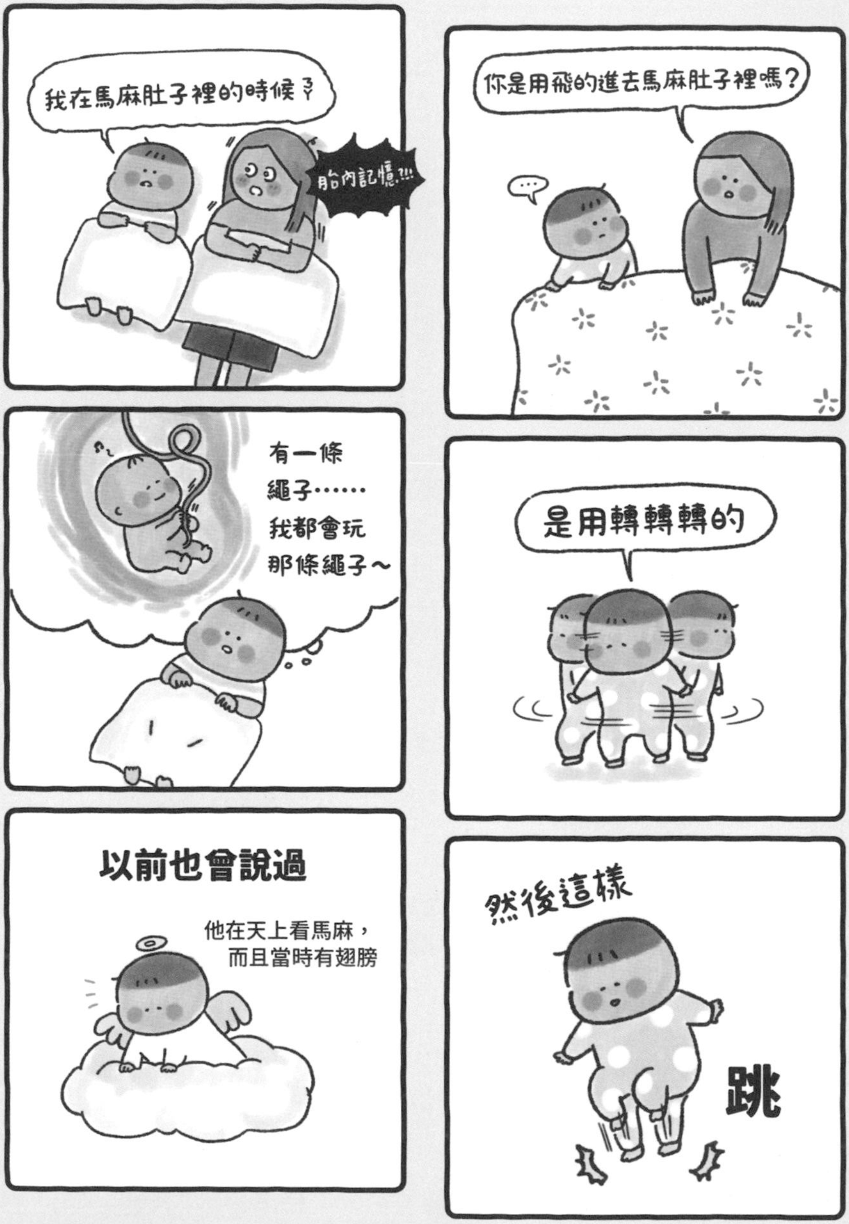
我在馬麻肚子裡的時候ㄋㄚ
胎內記憶?!!
有一條
繩子……
我都會玩
那條繩子～
以前也會說過
他在天上看馬麻，
而且當時有翅膀
你是用飛的進去馬麻肚子裡嗎？
……
是用轉轉轉的
然後這樣
跳

跳進去的！
非常認真的表演當時的過程

看書上說「高敏兒」會比一般小孩容易保有「胎內記憶」。小熊熊就是一個高敏兒！平常刻意要問的時候，都問不出個所以然，卻會在睡覺時間突然語出驚人，說出照理來說不會記得的事情。
至於小熊熊說玩臍帶的事情～當時懷孕的時候，小熊熊大概臍帶玩過頭了（？）後期醫生擔心臍帶繞頸會有危險，所以幫我緊急剖腹了。

註：「胎內記憶」指的是寶寶在媽媽子宮內的記憶，有些孩子甚至記得更早之前的記憶。大約30%的孩子保有胎內記憶，在2-3歲記憶最鮮明，5-6歲過後這段記憶就會漸漸被淡忘。

只能吃一支

我没有吃！
嗯?!

馬麻～

蛋捲，給妳吃～

我可以再吃一支嗎？
好啊
看到乖乖的小熊熊就瞬間忘記原則了

不過每次看到小熊熊只要有好東西，就會想到要分給爸爸媽媽，就覺得好感動⋯⋯（掉地上的除外）。

睡覺儀式

每天晚上的睡覺儀式

小熊熊都有各種堅持

要握著媽媽的手才能安心

以為這樣他就可以好好睡覺了

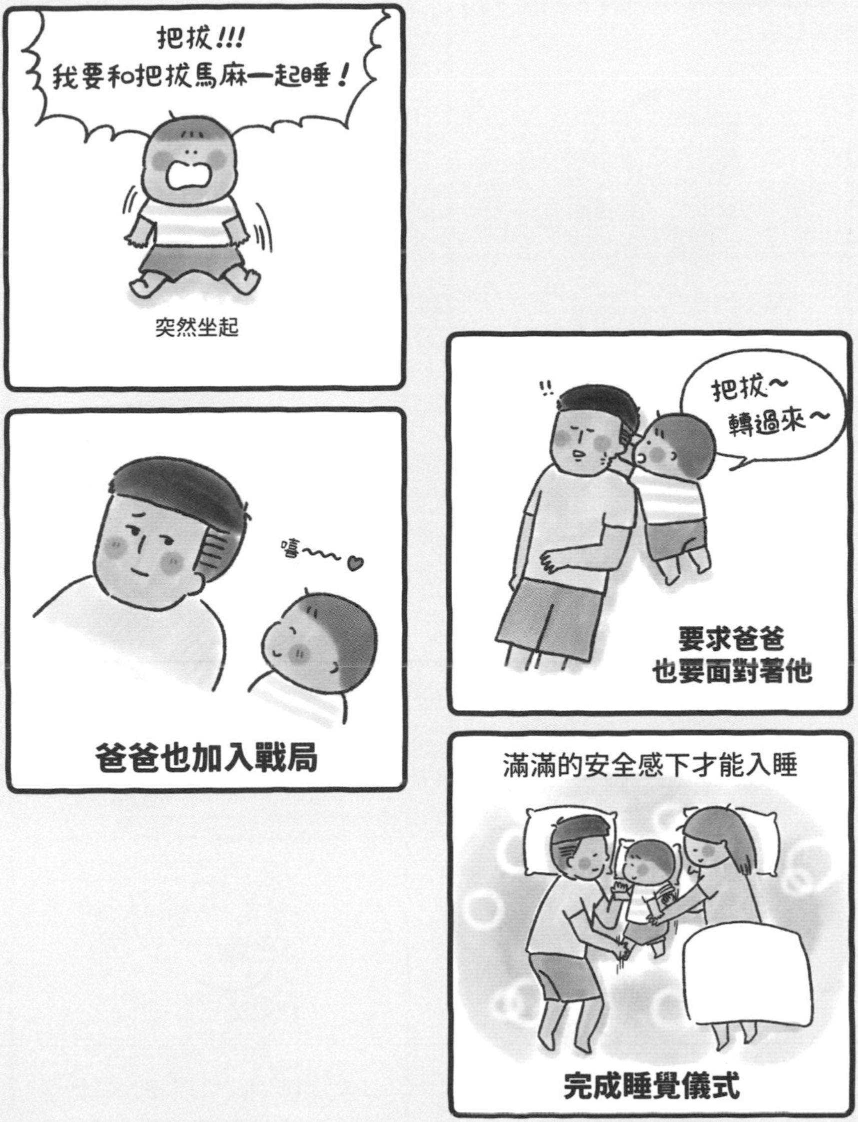
把拔!!!
我要和把拔馬麻一起睡！
突然坐起
嘻~~~
爸爸也加入戰局
!!
把拔~
轉過來~
要求爸爸
也要面對著他
滿滿的安全感下才能入睡
完成睡覺儀式

腳打電話

……
呆
已經一個月沒出門的小熊熊
已經想不到可以陪他玩什麼遊戲了……
……
說不定可以從書上找到
什麼好玩的遊戲～
《幼兒遊戲全集》
靈機一動！
這個！這個！
哪個？哪個？
這個！
腳打電話
……？？
為什麼要用腳打電話啦～♥
哈哈哈哈
哈哈哈
玩得很開心

馬麻~~~~~
妳也用用看！♥
哈哈
哈哈哈
一直跌倒
馬麻身體太僵硬了
沒辦法吧……
成功了
!!!
欸?!
拍手
喂喂~
喂~馬麻~
嗯……嗯……
???
頭要很努力往前傾
才勉強碰得到腳

對著鏡子練習的熊媽

痛痛飛走了

好痛~~~
嗚嗚……
痛痛～痛痛～
快飛走～
你看～
痛痛從窗戶飛走了!!!
咻～
小熊熊受傷痛痛的時候，我都會這麼做
結果，有一次
馬麻！
長痘痘!!!

對呀～
好痛喔
被小熊熊發現了
啾～
用手指頭捏住「痛痛」
然後跑去床頭櫃
我把馬麻的痛痛
放在床頭櫃了～

萬里尋兄

某天，小熊熊午睡起床
我想找美國的葛格……
!!
這麼突然?!是做夢夢到嗎?
「美國葛格」是小熊熊住在美國的表哥
和小熊熊一樣喜歡交通工具
小學生
小熊熊只在視訊中見過這位表哥
隔天午睡起床又再講
我想找美國葛格……
可是葛格在美國～
這個時間他還在睡覺
時差的關係也很少有機會視訊
我要去美國找葛格!!!

可是美國好～遠耶！
要坐飛機坐好～久
…
搬出世界地圖
隔天一早
葛格打視訊
電話來了!!!
慌慌張張
Hello!
葛格～～～
Wow!
葛格～這是垃圾車!!!
一見到葛格，
就開始滔滔不絕的介紹車車

葛格～這是壞掉車!!!
Wow! HAHAHA!
葛格非常配合的聽著小熊熊介紹
這……是……
我的……飛……
(很努力擠出來的中文)
其實葛格也想介紹自己的玩具
葛格!!!
這是火車～
機……
Oh……
Cool
但小熊熊依然自顧自的拼命介紹
終於介紹完了
…
…
掰掰
介紹完車車就不知道要說什麼了

視訊完心情很雀躍的小熊熊

「美國葛格」在小熊熊出生前（約5歲的時候）
有回來台灣

妳、的、包、包
幫我把遺留在房間
的包包提還給我
很重

當時覺得他完完全全就是天使啊！！！

車控的日常

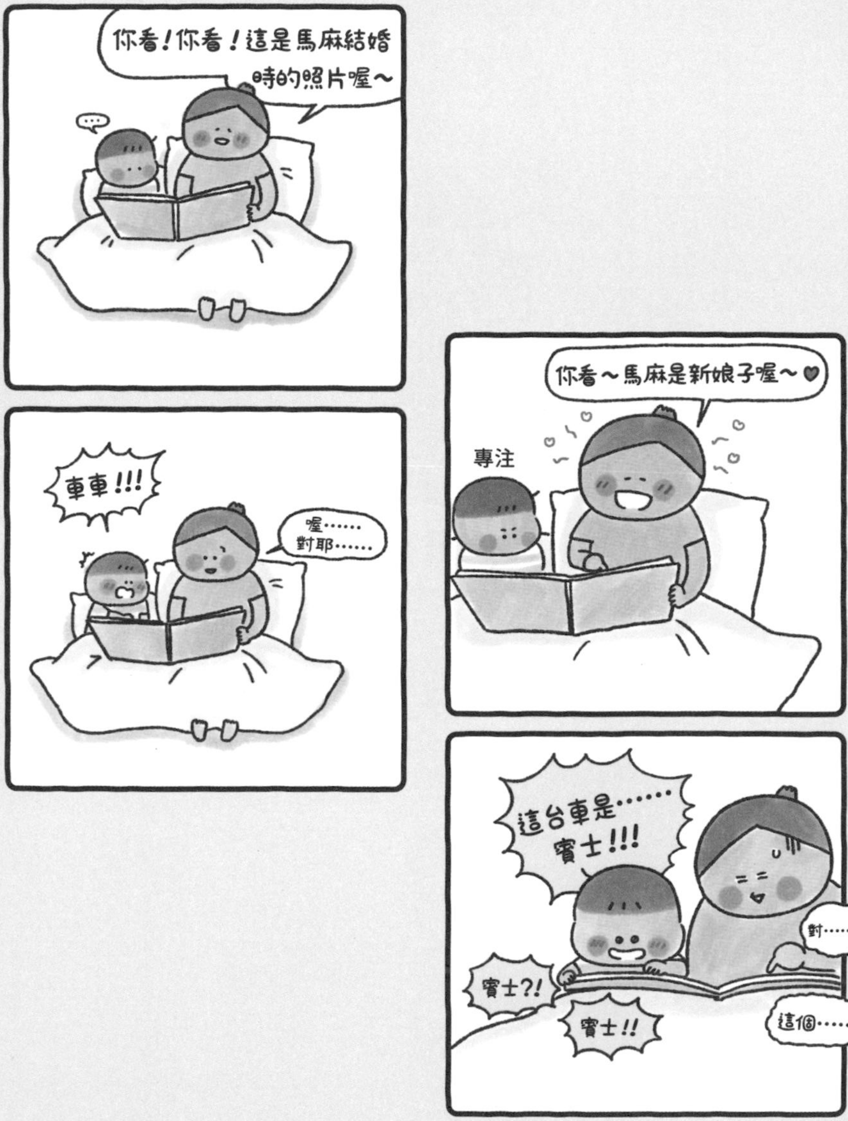
你看！你看！這是馬麻結婚時的照片喔～
……
你看～馬麻是新娘子喔～♥
專注
車車!!!
喔……對耶……
這台車是……賓士!!!
賓士?!
賓士!!
對……
這個……

同一張照片是要看多久
這個……

這台車!!! 也是賓士嗎?
呃……

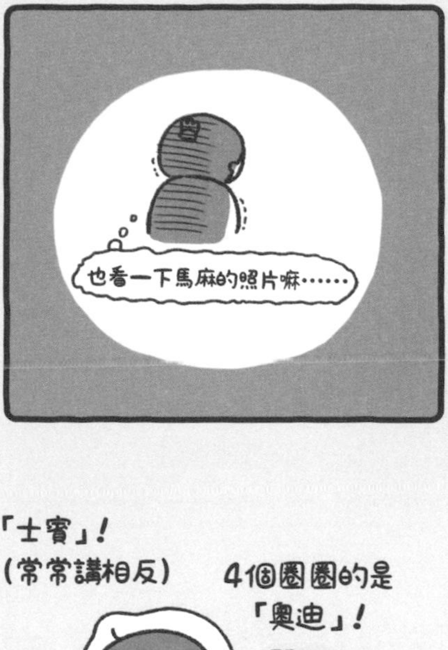
也看一下馬麻的照片嘛……

「士賓」!
(常常講相反)
4個圈圈的是
「奧迪」!
兩個鼻孔是
「BMW」!
兩顆大眼睛的是
「mini cooper」
車車
很努力在認識各個車車品牌
「大黃蜂」!
(品牌叫雪佛蘭)
會跳舞的車叫
「特斯拉」

不過多虧了小熊熊，路上看到的、還有工地裡出現的各種工程車，我幾乎都叫得出名字～(o´∀`o)

半夢半醒

某天晚上，熟睡中的小熊熊
坐起
突然醒過來
兩眼空洞的站著
然後去拿了小毯子
把小毯子套在頭上
是這樣子……對嗎？

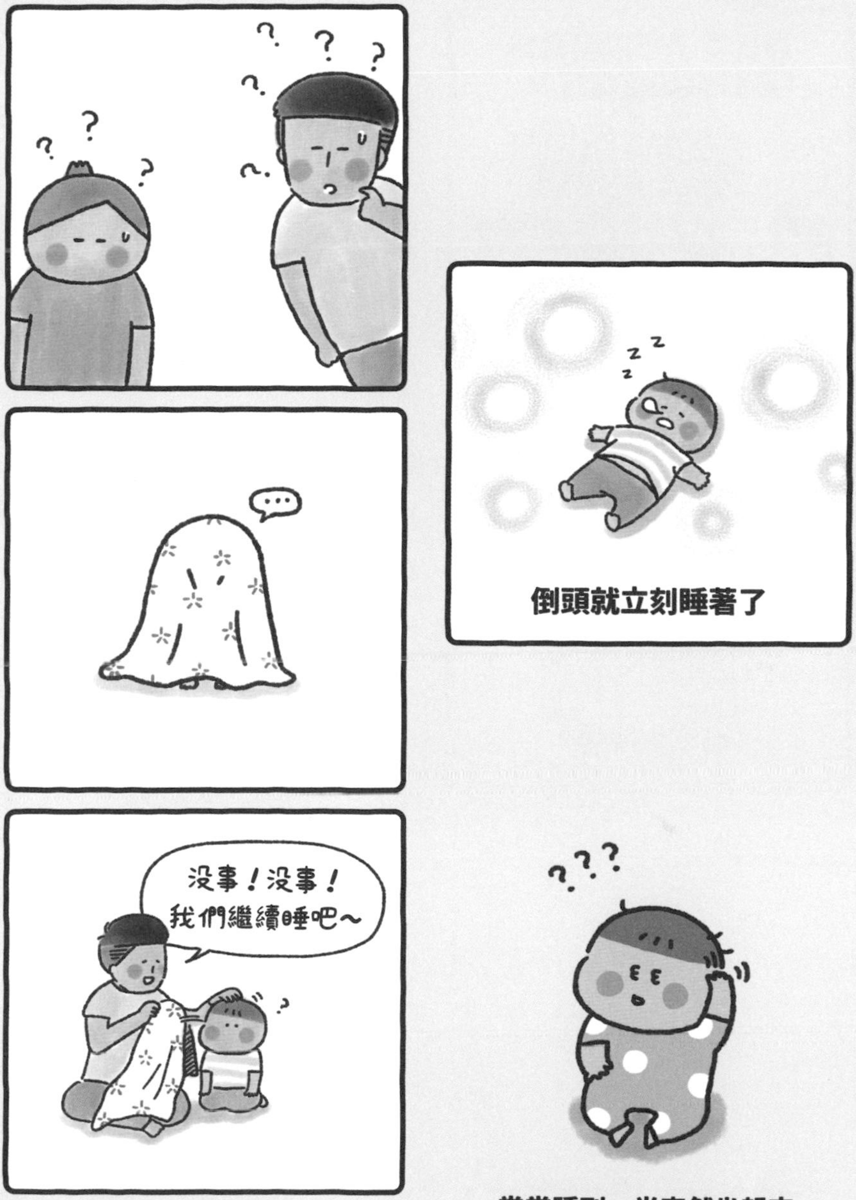
倒頭就立刻睡著了
常常睡到一半突然坐起來
没事！没事！
我們繼續睡吧～

小熊熊2Y10M

勞作時間

最近買了可以組裝成
新幹線的紙板玩具

負責做勞作的

負責指揮的
雙面膠
要貼背面！

負責餵食的
把拔！啊～
啊～～～
泡芙

完成!!!
超帥~~~♡

司機先生～
可以帶我去買
章魚燒嗎？
O×△

模仿小新
咻咻嘣嘣

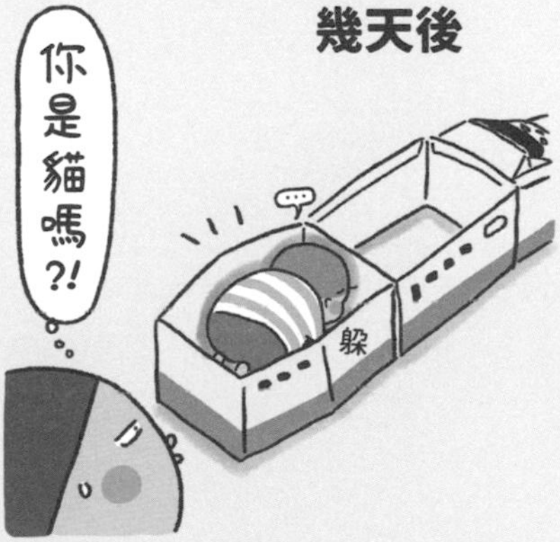
幾天後
你是貓嗎?!
躲

每次有新玩具，爸爸媽媽總是比孩子更興奮呢～(o´∀`o)
（還是只有我們家？！）

小熊熊2Y10M

我買給妳～

馬麻小時候都沒有這種玩具可以玩耶～以前外公外婆都不太買玩具
隨口一說
找
找
聽到馬麻這樣說的小熊熊
我去買給妳～♥這樣妳就有玩具了!!!
甩來甩去
買餅乾送的零錢包
(裡面有過年時玩抽抽樂賺到的錢(約150元)
我去買車車給妳～♥
(車控)
可是馬麻想要芭比娃娃耶～
(小時候真的很想要芭比娃娃 QQ)

芭比「蛙蛙」？
一知半解的表情
超市好像也在賣，
我現在就去買～
!!!
真的要去買？！
謝謝你對馬麻這麼好～
不過不用買給我了唷！
我現在好想玩車車喔～～♥
可以給馬麻
一台車車嗎？
這台給妳～♥
哇喔～
知道小熊熊有把媽媽的話放心上，
就覺得好窩心

粽子

啊姆
啊姆
第一次吃粽子的小熊熊
!!!
不小心粽子掉了一角
!!!
馬麻這個給妳吃！
我要吃掉在地上的!!!
掉到地上就不要了吧
要!!! 我要吃掉在地上的！
我要吃掉在地上的！
因為小熊熊非常堅持

只好用湯匙慢慢把粽子表層挖掉

啊姆
啊姆
掉在地上的比較好吃？

column 04

高個子女生的困擾

被擅自取綽號

看起來力氣很大，
常被叫去搬重物

被說：「長這麼高
不要穿高跟鞋，
很嚇人！」

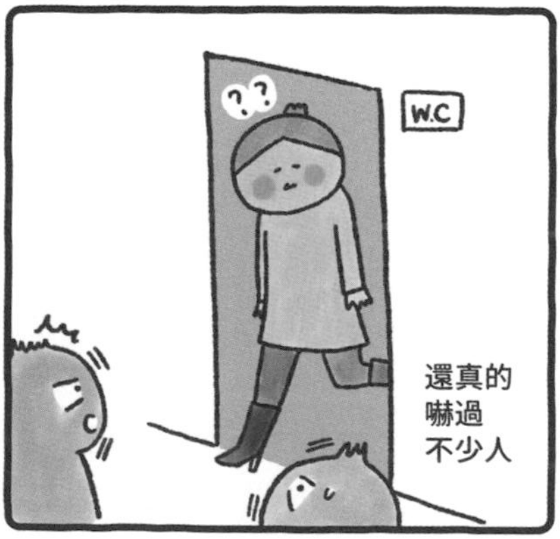

嗯?!
好萌♥
卡哇伊~
好可愛~
正翻!
…
這輩子無法駕馭的服裝和動作

與「可愛」無緣

單身的時候常被說：「長這麼高才交不到男友。」

長這麼高會交不到男朋友啦!!
我才看不上那種膚淺的男生!!!
173?!!太恐怖了吧!
這麼高會把男生嚇跑吧……
台灣男生平均身高不高耶!妳去哪裡找男朋友?

那是妳姐?
我妹……
…
大 3 歲的姐姐 166cm

年紀看起來比實際大

小熊熊 2Y11M

自嗨開關

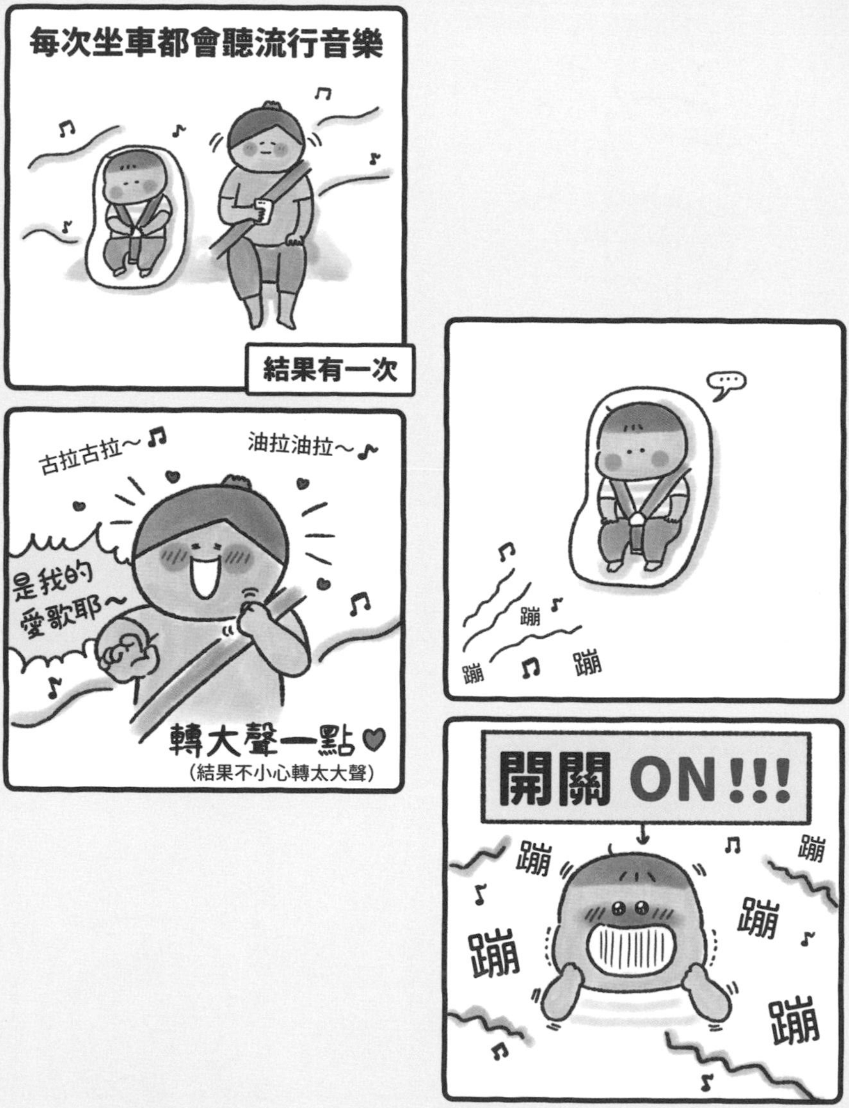
每次坐車都會聽流行音樂
結果有一次
古拉古拉～
油拉油拉～
是我的愛歌耶～
轉大聲一點
（結果不小心轉太大聲）
蹦
蹦
蹦
開關 ON!!!
蹦
蹦
蹦
蹦
蹦

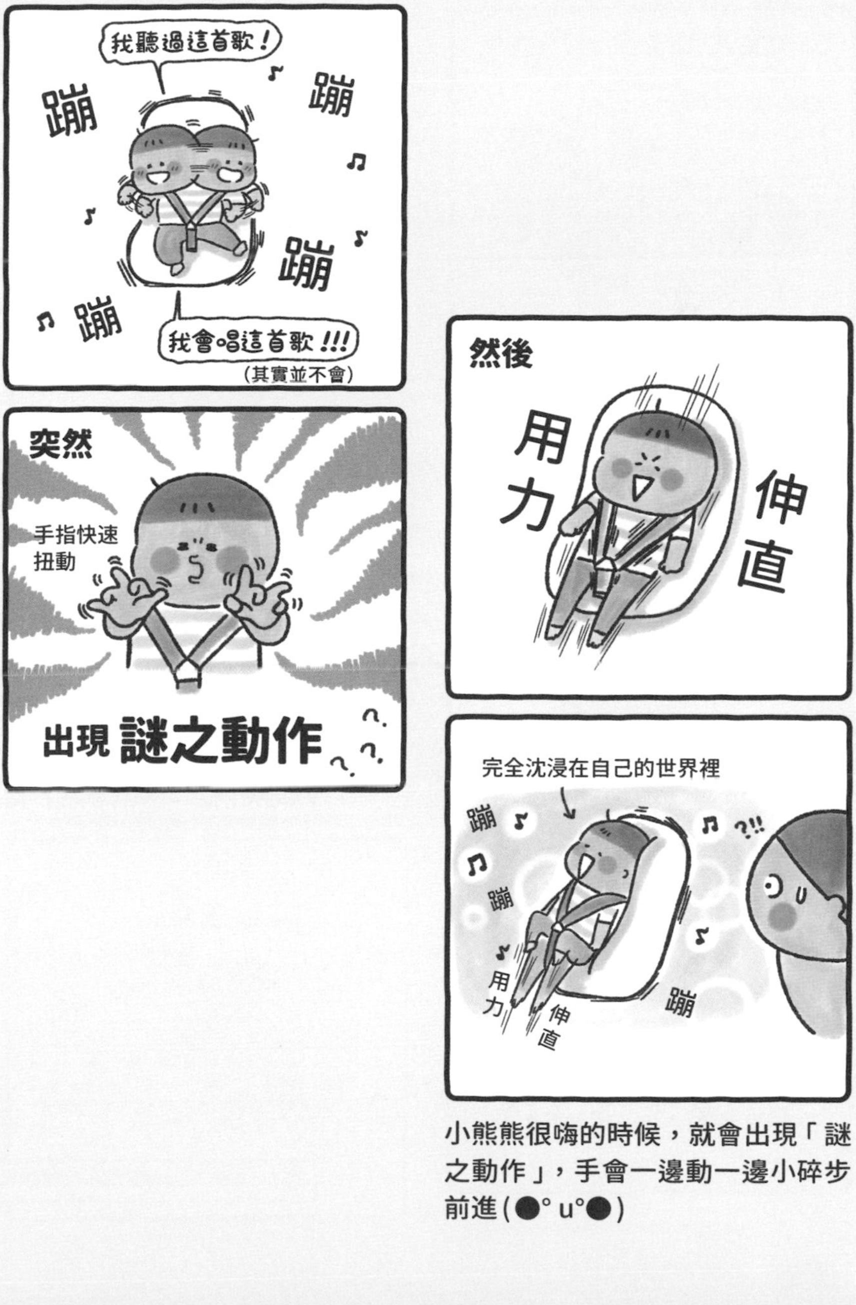

小熊熊很嗨的時候，就會出現「謎之動作」，手會一邊動一邊小碎步前進(●° u°●)

小熊熊 2Y 11M

小ㄓㄉ君

馬麻～這是什麼？
小ㄓㄉ君
?!!
拿拖鞋？
肥皂水？
慌張
慌張
就在這時候
飛過來了！！！
啊啊啊！！！
飛走
抱緊
忍不住大叫出來
我嚇到了……
對不起、對不起，
馬麻嚇到你了……
嗚……
暗自決定下次絕對要冷靜應對

幾天後
馬麻～棉被上！
小ㄓㄌ君
!!!
出現了!!!
這次一定要

衛生紙
非常冷靜的

處置牠!!!
啪

馬麻抓到了!!!
不怕不怕
終於領悟到人家說的「為母則強」

!!!
馬麻怎麼了?
沒事……
?

就算ㄓㄌ君爬到腳上，
還是要佯裝鎮定

小熊熊2Y11M

喇牙君

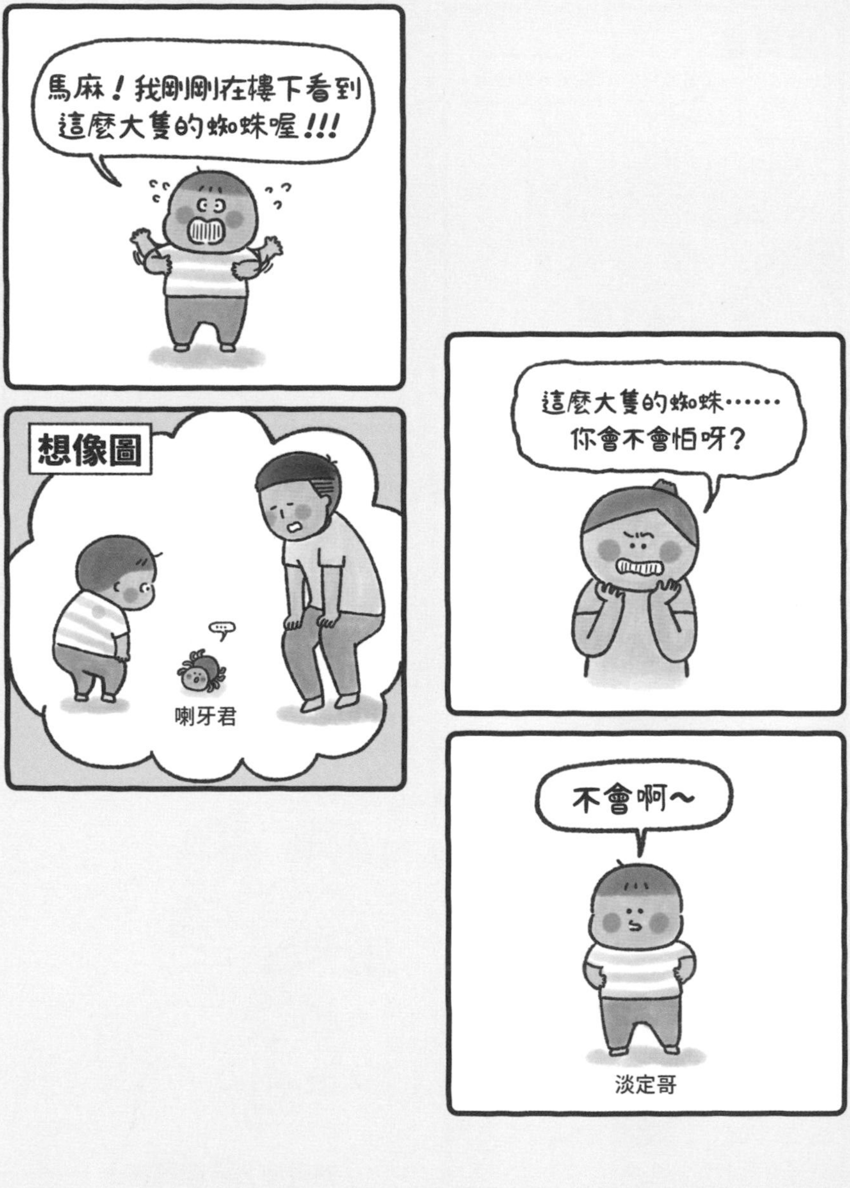

馬麻！我剛剛在樓下看到這麼大隻的蜘蛛喔!!!
想像圖
喇牙君
這麼大隻的蜘蛛……你會不會怕呀？
不會啊～
淡定哥

小熊熊2Y11M

美夢

故事書都唸完了！要睡覺囉～
不要睡!!!
到了睡覺時間依然不肯乖乖睡覺的小熊熊
不然試試看這個好了……
小時候也曾這樣做過呢～
做美夢的時間到囉～
有誰想要做美夢呀？
(盡量避開「睡覺」兩個字)
馬麻畫了「美夢小卡」唷～
我們來做「開車車」的美夢吧～可以開堆高機載著好多玩具～到公園和朋友玩喔！
把小卡放在枕頭下面，睡著之後就可以做這個美夢喔！
嘻嘻
小熊熊終於肯睡覺了～

速速畫下來的「美夢小卡」♥

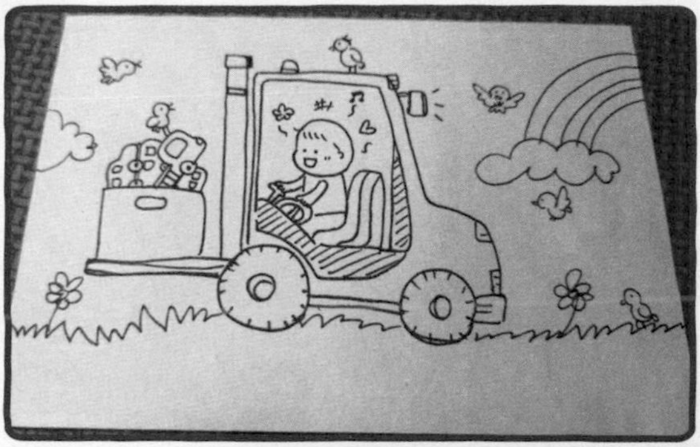

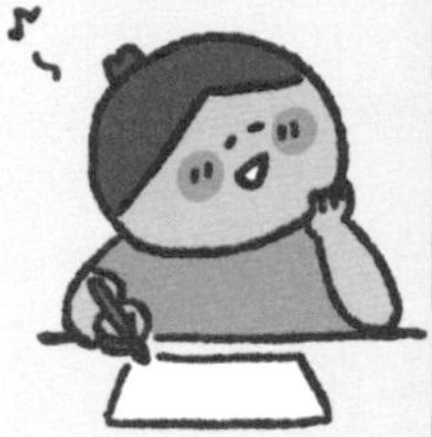

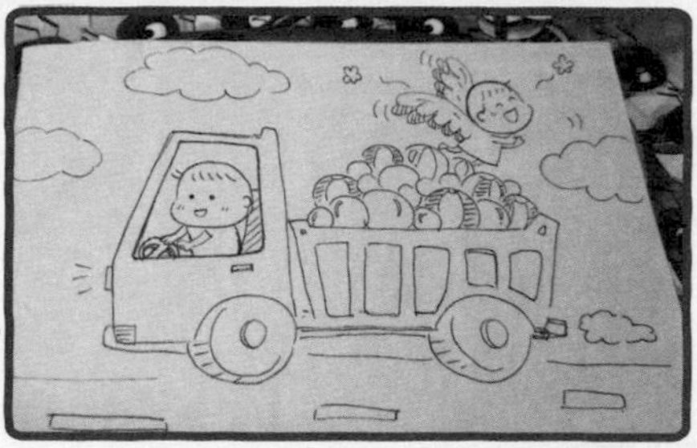

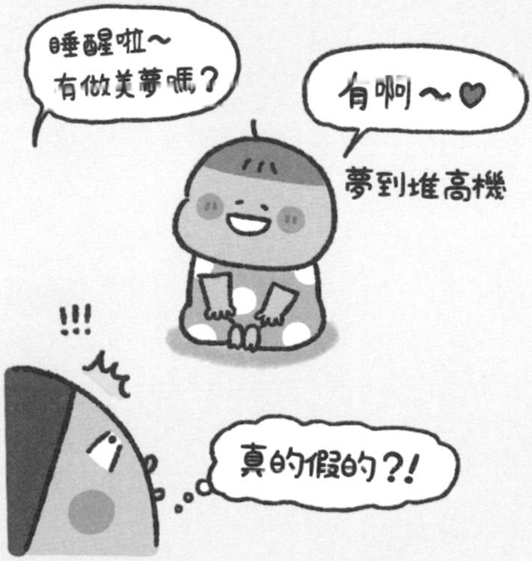

睡醒啦～
有做美夢嗎？
有啊～♥
夢到堆高機
!!!
真的假的?!

小熊熊2Y11M

這樣才對喔

小熊熊 2Y 11M

熊爸的生日

今天是把拔生日~
有買蛋糕喔！
我們一起唱生日快樂歌吧~
祝你生日快樂~
祝你……
害羞
害羞
他是不是誤會了什麼
祝你生~日~快~樂~
真正的主角
完全以為自己是主角
…
我來吹~
欸嘿嘿
完全當成自己的生日了

馬麻看ㄋㄡ～

馬麻!!!
馬麻～開門!!!
我要跳舞給妳看～
馬麻！我們在電視上看到這個，我跳給妳看ㄛ～♥
馬麻看ㄛ!!!
這樣～
這樣～
登登登
(自帶音效)
跳
跳
父子倆一起跳給我看
馬麻也要一起跳！
欸?!
這樣嗎?
哈哈
哈哈哈
肢體不協調的一家人

小熊熊2Y11M

把拔馬麻不在家

把拔馬麻要出去，會晚一點回來喔～今天去和阿嬤玩，好嗎？
喔
午休時間
要睡午覺了喔！
阿嬤怕天氣太熱總是把小熊熊的褲子脫掉
……
把拔馬麻怎麼去這麼久……

我睡不著……
嗚嗚
最後還是睡著了
到了傍晚
把拔馬麻回來了～♥
耳朵非常敏銳
馬麻～馬麻～馬麻～我今天#△○□#@然後～然後～然後啊○△□#@
(激動)
(激動)
嗯嗯
開始報告一整天的行程
開心到出現「謎之動作」
小碎步前進

告狀

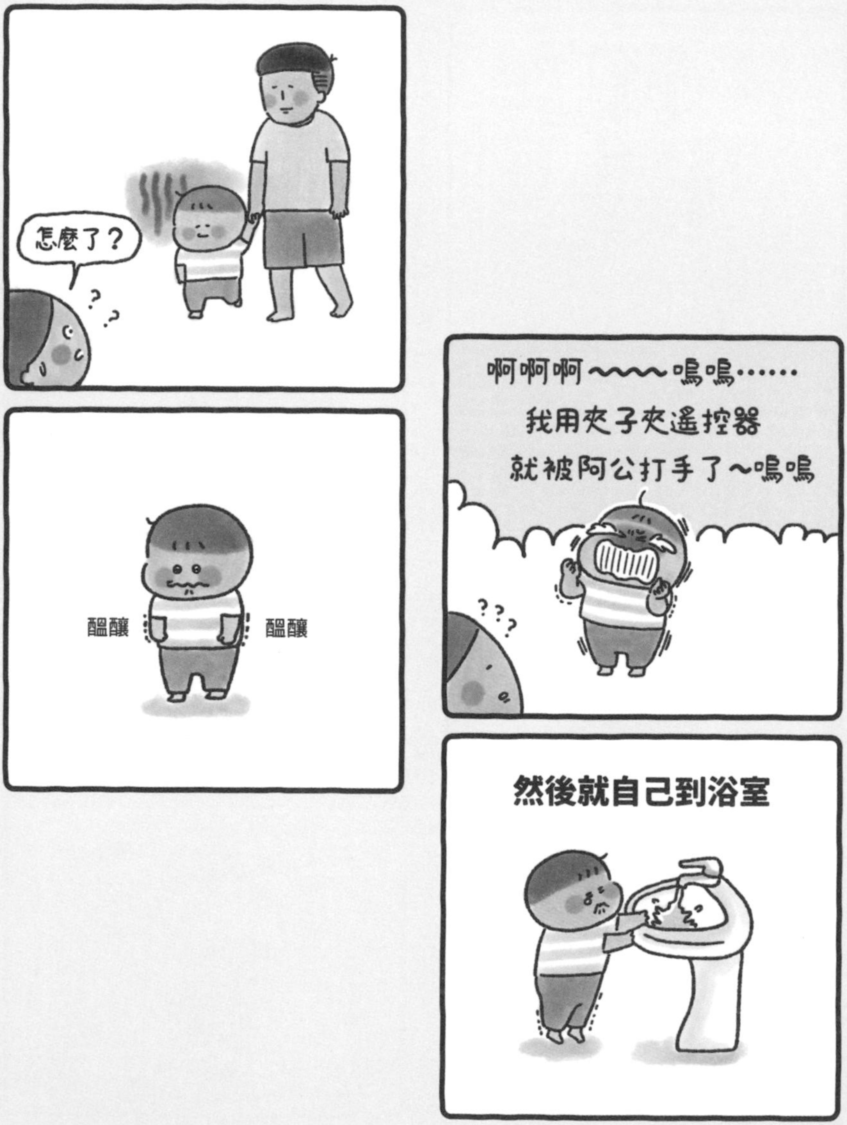

怎麼了？
???
醞釀
醞釀
啊啊啊～～～嗚嗚……
我用夾子夾遙控器
就被阿公打手了～嗚嗚
???
然後就自己到浴室

洗頭
洗臉

然後拿我的浴巾擦乾
擦完之後

?
哈哈哈哈
瞬間忘記剛剛的事

根據阿嬤的說法是：

小熊熊拿曬衣夾夾遙控器，又拿去狂夾衛生紙，最後還拿去夾阿公的馬克杯，講也講不聽就被阿公打手手了～

小熊熊2Y11M

童言童語

下雨了耶～
把拔帶你去
看下雨！
把拔～
為什麼下雨了？
因為烏雲飄過來了～
你看天空黑黑的～
為什麼天空黑黑的
會下雨呢？
啊！
因為雲想跟我說話～♥
所以下雨才會那麼大聲!!!
哈囉！
←自問自答
前幾天
啊姆
啊姆

小熊熊 2Y 11M

和葡萄皮奮戰的小熊熊

我要自己剝葡萄皮！
嗯嗯
慢條斯理
很專注的時候嘴巴會嘟起來
滴答、滴答……
…
滴答、滴答、滴答……
…
滴答、滴答、滴答、滴答……
還沒剝好？
剝好了～♥
好棒!!!
終於剝好一顆了

愛馬麻

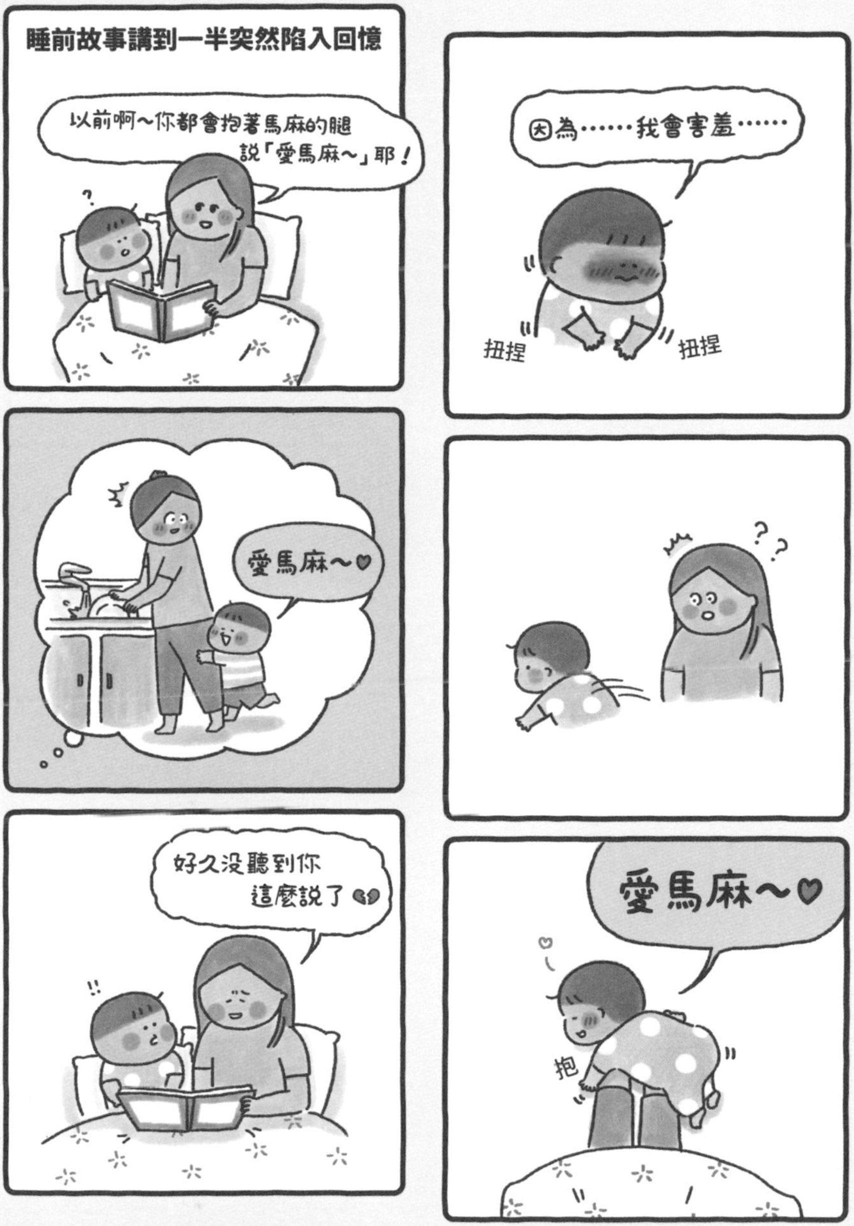

睡前故事講到一半突然陷入回憶
以前啊～你都會抱著馬麻的腿說「愛馬麻～」耶！
?
愛馬麻～♥
好久沒聽到你這麼說了
!!
因為……我會害羞……
扭捏
扭捏
??
愛馬麻～♥
抱

小熊熊 2Y 11M

啾～

每天早上熊爸都會親我一下
!!
啾～♥
我也要親!!!
有一次被小熊熊看到
啾～♥
於是也跑來親我的臉頰
不知道為什麼還親了我的腳
??!…
啾～♥
你很喜歡馬麻嗎?

小熊熊2Y11M

熊爸的遊戲時間

我快畫完了!!!
小熊熊交給你囉～
沒問題！
我們來玩這個～
熱狗麵包!!!
哈哈哈
熊爸以為自己發明了新遊戲，但其實這個遊戲我以前就和小熊熊玩過了～名字叫「漢堡蛋」XD
我們來玩「充氣」遊戲吧！
鞋帶

嗶～嗶～嗶～
插
碰!!!
爆炸了～
還要～還要～!!♡
老婆妳看～
小熊熊很喜歡
我發明的遊戲！
畫下來！
畫下來!!!
插

餅乾

有一次心血來潮，
全家一起做了餅乾
阿嬤～
這個餅乾給妳吃～
在一旁吃飯的阿公聽到後
興高采烈
阿公也要～♥
可以給我吃一個嗎？
不行!!!

…

阿公～
你要先把飯吃完，
才能吃餅乾ㄋ～

竟然把我跟他說的話拿來「教訓」阿公(●´ᵕ`●)

好！好！好!!!
哈哈
哈哈哈

以為被寶貝孫子嫌棄的阿公瞬間破涕為笑

其實幾乎都是熊爸做的

介紹昆蟲

嗯嗯
馬麻～
這是「蚜蟲」！
他和螞蟻是朋友……
小熊熊喜歡跟人介紹
他認識的昆蟲
把拔！
我要介紹昆蟲給你聽～
這是「切葉蟻」
來了～
來了～
走～！
我也要介紹給
阿嬤聽!!!
阿嬤～阿嬤～
我跟妳說～
我拿昆蟲書……
還沒看到人就開始拼命講
空無一人
我要跟妳
介紹……？
…

阿嬤好像
出去了，
我們下次
再……

介紹……?!
塞住
發現自己一直在對空氣講話，
尷尬的把手塞進嘴巴（?）

電視

小熊熊在看電視的時候
把拔～
我要進去電視裡面
和可愛的人玩！
挖一個洞就可以進去啦！
小熊熊想像圖
可是沒辦法
進去電視耶！
認真

體操

現在在播體操耶!!!
第一次看到體操比賽的小熊熊
!!!
把拔!馬麻!快看!!!
他飛起來了～
好像發現了新世界
還會為電視裡的選手鼓掌
馬麻!
我要學!!!
我想要
試試看!!
我也要像
他一樣!
買給我……
欸?!
突然決定了未來志向(?)

小熊熊 2Y11M

噗～

剛吃飽飯的小熊熊
會自創各種奇怪的運動
突然！
!!!
啊!!
乱叫著跑掉了
火影跑
然後默默的走回來
我剛剛跑去客廳放屁～
哈哈哈
這裡就不會臭臭的了！
但他應該沒辦法把屁憋到客廳才放（?）
所以實際情況應該是——

小熊熊2Y11M

猜拳

馬麻～
來玩剪刀石頭布～
剪刀石頭～布！
馬麻贏了～
再一次～ 剪刀石頭～布！
我又贏了～
喀擦
喀擦
我又輸了～
你也可以出「石頭」或
「剪刀」啊～～～ @#△□○
把遊戲玩法再詳細說明一次

再來玩一次吧！
剪刀石頭～
布!!
我贏了～!!♥
果然是個只會出「布」的孩子呢～

正在用腳趾玩剪刀石頭布
這靈活的腳趾一定是遺傳我!!! 欸嘿～♥

忠實熊粉

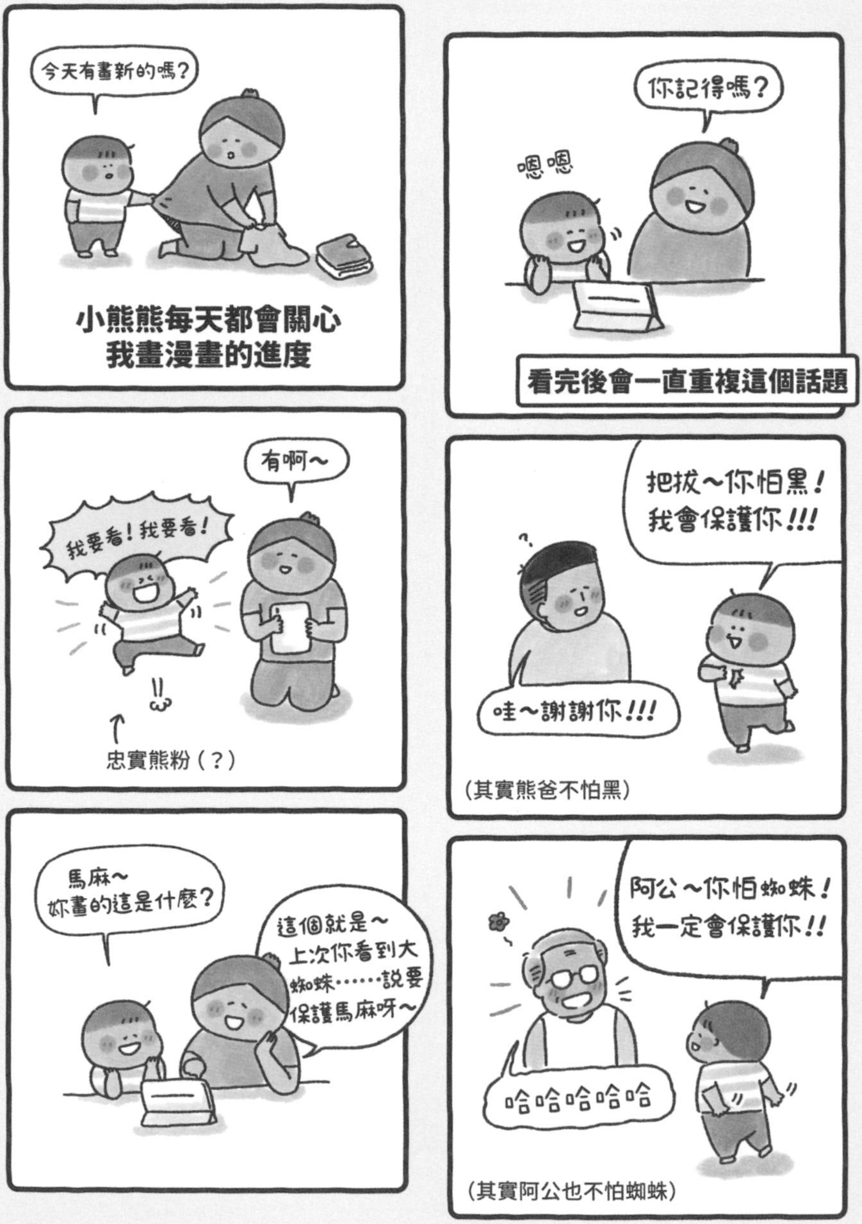

今天有畫新的嗎？
小熊熊每天都會關心
我畫漫畫的進度
有啊～
我要看！我要看！
忠實熊粉（？）
馬麻～
妳畫的這是什麼？
這個就是～
上次你看到大
蜘蛛……說要
保護馬麻呀～
你記得嗎？
嗯嗯
看完後會一直重複這個話題
把拔～你怕黑！
我會保護你!!!
哇～謝謝你!!!
（其實熊爸不怕黑）
阿公～你怕蜘蛛！
我一定會保護你!!
哈哈哈哈哈
（其實阿公也不怕蜘蛛）

等我長大

等我長大就可以開把拔的車了～
把拔～♥
嗯？
等你「長小」就可以穿我的拖鞋囉！
哈哈哈

當熊爸和熊媽「長小」

小熊熊 2Y11M

column 05

熊爸的「不專業」親子餅乾DIY教室

材料：
低筋麵粉 250g
無鹽奶油 90g
糖粉 80g
雞蛋 1顆

把軟化的奶油、糖粉和雞蛋加到盆子裡攪拌

分次將麵粉篩入盆中，充分攪拌至成形，再用手搓揉成麵團

把麵團放進塑膠袋，用桿麵棍擀平

保鮮膜紙筒

擀好的麵團放進
冰箱，稍微變硬
之後再拿出來
← 先吃個零食～
用模具壓出造型
以 180 度預熱烤箱，
再將壓好的麵團放
進去烤約 15 ～ 20 分
（上色即可）
熊爸的不專業
手工餅乾完成！
雖然不專業但
還蠻好吃的～

熊爸與熊媽的小故事

命中注定

熊媽
熊爸
←還是→
陌生人
因為工作的關係，
搬到市區沒有住在家裡
在職場上相遇
我來搬吧！
互有好感，就決定交往了
(過程直接省略 XD)
妳(老)家在哪裡呀？
…
交往之後才發現……
我們竟然是鄰居 !!!
好近！
雙方的父母也都知道
對方 （鄉下地方）

雖然是鄰居，但以前從不知道有這個人
乳臭未乾的小屁孩
好可怕
大學生
小學生
而且相差 9 歲也很難有交集

我們就是注定要在一起呀♥
命中注定！天生一對！天作之合!!
嗯……
少女心
但最後還是在異地相遇，而且還結婚了

同場加映
「稀飯」的
台語怎麼說？
!!
生長環境相似最讓我開心的是──

ㄖㄛˊ～
ㄖㄛˊ
他說「ㄖㄛˊ」欸!!
終於找到和我一樣的海口腔♥

環島之旅？

熊爸熊媽還是男女朋友的時候
下個月生日，我們來一趟8天搭車環島好不好？我都沒環過島……
欸？也是可以
單車環島過
行程我都排好了～
好有效率!!
(懶得排行程的人)
出發當天
我都不知道行程耶……沒問題嗎？
不用擔心～跟著我就對了！
○○客運
搭客運環島？！太……特別了吧！
往台北的旅客……
第一站會去哪裡呢？
南下？北上？
真的對行程一無所知
往桃園機場的旅客請上車……
？？？
呆
上車囉！
第一站就直奔桃園呀～哈哈

!!!
等等……
桃園機場?!!!
中華民國
TAIWAN
因為妳之前說
想去沖繩，
所以我就偷偷
計劃了……
燦笑
可是我沒帶護照……
(腦袋當機)
帶了！帶了！
我已經訂好機票、住宿和餐廳，
也租好車子、安排好所有的行程了～
妳沒帶的，我都幫妳帶上了！
這是我給妳的
生日驚喜
欸欸???……喔……蛤?
(還在狀況外)
I LOVE OKINAWA

因此愛上沖繩的熊媽

驚喜

剛開始交往的時候
我笨笨的～不太會給人驚喜……
當時是這麼說的……
聖誕節
!!!
情人節
等一下我帶妳去一個地方
?
○ ○ HOTEL
今天要住飯店?!!
(超愛住飯店)
我幫妳準備好行李了～♥
(事先 check in 好，放在床上)
那是!!! 你怎麼知道我喜歡那個皮夾?!
!!!
以前逛街的時候，我看妳目不轉睛的盯著那個皮夾，好像很喜歡的樣子
盯

結婚後的情人節
羞
除了送妳禮物和吃大餐，
我還準備了這個……
抽出

因為妳說我都沒有
做卡片給妳……
上次做卡片：
國中的時候做
母親節卡片
手作立體書
怎麼可能？！
什麼時候做的？
我都不知道！

一大早妳還在睡覺
的時候，偷偷跑去
超商做的～
店員一直偷看
?!!

做到超商店員都認識他了
你又來啦？！
做好了嗎？
!!!
勞作袋
盡量去不同超商了，
還是被認出來

準備出門做卡片的時候

卡片還沒做好呀？
嗯……
勞作袋藏在公公
的辦公室
勞作袋

被起床上廁所的公公撞見……

結語

我發現很多人看到我在IG上發表的圖文，會覺得小熊熊就像個「天使」一樣，總是會有一些貼心、溫暖的舉動，但其實小熊熊很多時候也跟大部分的孩子一樣，會變身成一個「歡必罷」的小惡魔。

因為小熊熊是高敏兒，所以又比一般孩子容易情緒失控，經常為了一點小事或一句責備的話，引爆內心的炸彈，一發不可收拾！往往得花很多時間、很大的心力才能安撫下來……。

所以我想跟為了育兒感到崩潰的爸爸媽媽們說聲：「你們辛苦了！」然後「這些崩潰的事情我也正經歷著喔～」「只是沒有被我畫下來而已喔～」（笑）

雖然我的IG乍看之下主要都在畫育兒圖文，但卻有一半的追蹤者不是爸爸媽媽耶！甚至還有人跟我說，她其實很討厭小孩，但卻很喜歡看小熊熊的日常（驚）

不管是什麼樣的身分，我都由衷的感謝你們喜歡小熊熊還有我畫的圖文！小熊熊能夠被這麼多人溫柔的守護著，真的真的是很幸福呢！

國家圖書館出版品預行編目（CIP）資料

小熊熊的每一天 / 熊媽 TIN. -- 初版. -- 臺北市 :
臺灣東販股份有限公司, 2022.03
192 面 ;14.7 × 21 公分
ISBN 978-626-329-104-1（平裝）

1.CST: 育兒 2.CST: 通俗作品

428　　110022749

小熊熊的每一天

2022 年 03 月 01 日初版第一刷發行

著　　者　熊媽 TIN
編　　輯　鄧琪潔
美術設計　水青子
發 行 人　南部裕
發 行 所　台灣東販股份有限公司
＜地址＞台北市南京東路 4 段 130 號 2F-1
＜電話＞（02）2577-8878
＜傳真＞（02）2577-8896
＜網址＞http://www.tohan.com.tw
郵撥帳號　1405049-4
法律顧問　蕭雄淋律師
總 經 銷　聯合發行股份有限公司
＜電話＞（02）2917-8022

TOHAN